面向高等职业院校基于工作过程项目式系列教程

网络爬虫与数据采集

山东劳动职业技术学院
天津滨海迅腾科技集团有限公司 编著

陈 静 主编

图书在版编目(CIP)数据

网络爬虫与数据采集/山东劳动职业技术学院,天津滨海迅腾科技集团有限公司编著;陈静主编. -- 天津:天津大学出版社,2024.2

面向高等职业院校基于工作过程项目式系列教程

ISBN 978-7-5618-7677-0

Ⅰ.①网⋯ Ⅱ.①山⋯ ②天⋯ ③陈⋯ Ⅲ.①软件工具－程序设计－高等职业教育－教材 Ⅳ.①TP311.561

中国国家版本馆CIP数据核字(2024)第046779号

WANGLUO PACHONG YU SHUJU CAIJI

主　编：陈　静
副主编：晁胜利　孙小涵　刘　涛
　　　　常志东　陶翠霞　刘　健

出版发行	天津大学出版社
地　　址	天津市卫津路92号天津大学内(邮编:300072)
电　　话	发行部:022-27403647
网　　址	www.tjupress.com.cn
印　　刷	廊坊市海涛印刷有限公司
经　　销	全国各地新华书店
开　　本	787mm×1092mm　1/16
印　　张	13
字　　数	332千
版　　次	2024年2月第1版
印　　次	2024年2月第1次
定　　价	59.00元

凡购本书,如有缺页、倒页、脱页等质量问题,烦请与我社发行部门联系调换

版权所有　　侵权必究

前　言

近年来,随着互联网的迅速发展,网络上的资源和信息呈爆发式增长,为了弥补传统搜索引擎的局限性,网络爬虫应运而生。网络爬虫作为一种能够自动采集并处理互联网上信息的工具,逐渐成为数据采集和分析过程中不可或缺的一部分。

在数据采集方面,网络爬虫用于获取互联网上的各种数据,例如新闻、评论、商品信息、用户数据以及相关专业类数据等。通过网络爬虫,研究人员、企业和个人都可以快速、准确地获取大量数据,并对其进行分析和挖掘。这些数据可以被用来做出商业决策、预测市场趋势、评估产品竞争力、推荐产品或服务等。

本书紧紧围绕"以行业及市场需求为导向,以职业专业能力为核心"的编写理念,融入符合新时代中国特色社会主义发展要求的新政策、新需求、新信息、新方法,以课程思政主线和实践教学主线贯穿全书,突出职业特点,落地岗位工作动线和过程。

本书采用以项目驱动为主的编写模式,通过实战项目驱动,实现知识传授与技能培养并重,以便新入职员工更好地适应数据采集岗位。本书体现了"做中学""学中做",通过分析对应知识、技能与素质要求,确立每个模块的知识与技能组成,并对内容进行甄选与整合。每个项目被分为多个任务,包含项目导言、任务描述、任务技能、任务实施、项目总结、英语角和课后习题等,结构条理清晰、内容详细。任务实施是整本书的精髓部分,能够有效考查学习者对知识和技能的掌握程度和拓展应用能力。这部分内容以真实生产项目为载体组织教学单元,脱离传统教材繁杂的理论知识讲解,以项目任务为驱动,基于数据采集岗位的实际工作流程,将项目学习与知识和技能的掌握有机融合,使学生在完成项目的过程中不仅掌握了知识技能,还培养了相应的职业技能。本书支持工学结合的一体化教学。

本书由山东劳动职业技术学院的陈静担任主编,山东胜利职业学院晁胜利、枣庄职业学院孙小涵、德州职业技术学院刘涛、威海海洋职业学院常志东、山东劳动职业技术学院陶翠霞、天津滨海迅腾科技集团有限公司刘健担任副主编。其中,项目一由陈静负责编写,项目二由晁胜利负责编写,项目三由孙小涵负责编写,项目四由刘涛负责编写,项目五由常志东负责编写,项目六由陶翠霞负责编写,项目七由刘健负责编写。陈静负责思政元素搜集和整本书的统筹工作。

本书由七个项目组成,分别为初识网络爬虫、基于 Python 库实现静态数据采集、基于 urllib 实现客户端数据采集、基于 Requests-HTML 实现动态数据采集、基于 Scrapy 框架实现网页数据采集、基于 Scrapy-Redis 分布式实现网页数据采集以及基于自动化测试工具实现网页数据采集。本书内容简明扼要,对知识点的讲解由浅入深,循序渐进,既使每一位读者都能有所收获,又保证了整本书的知识深度。

本书内容丰富、注重实战,讲解通俗易懂,既全面介绍,又突出重点,做到了点面结合;既讲述知识技能点,又注重任务实施,做到理论和实践相结合,手把手带领读者快速入门网络爬虫开发。通过对本书的学习,读者可以对网络爬虫与数据采集有更加清晰的认识。

由于编者水平有限,书中难免存在错误与不足之处,恳请读者批评指正和提出改进建议。

编者
2023 年 5 月

目 录

项目一 初识网络爬虫 ··· 1

项目导言 ··· 1
任务一 网络爬虫概述 ··· 2
   任务描述 ··· 2
   任务技能 ··· 2
   任务实施 ··· 14
任务二 网络爬虫技术及平台 ··· 16
   任务描述 ··· 16
   任务技能 ··· 17
   任务实施 ··· 20
   项目总结 ··· 22
   英语角 ··· 22
   课后习题 ··· 23

项目二 基于 Python 库实现静态数据采集 ··· 24

项目导言 ··· 24
任务一 使用 Requests 库发起 HTTP 请求 ··· 25
   任务描述 ··· 25
   任务技能 ··· 25
   任务实施 ··· 34
任务二 使用 BeautifulSoup 库提取新闻数据 ··· 37
   任务描述 ··· 37
   任务技能 ··· 37
   任务实施 ··· 42
任务三 使用 LXML 解析器提取新闻数据 ··· 43
   任务描述 ··· 43
   任务技能 ··· 44
   任务实施 ··· 51
   项目总结 ··· 52
   英语角 ··· 53
   课后习题 ··· 53

项目三 基于 urllib 实现客户端数据采集 … 54

项目导言 … 54

任务一 安装 Fiddler 并对 APP 抓包 … 55
- 任务描述 … 55
- 任务技能 … 55
- 任务实施 … 62

任务二 使用 urllib 采集 APP 数据 … 70
- 任务描述 … 70
- 任务技能 … 70
- 任务实施 … 77

项目总结 … 79
英语角 … 79
课后习题 … 79

项目四 基于 Requests-HTML 实现动态数据采集 … 81

项目导言 … 81

任务一 使用 Requests-HTML 库爬取静态网站 … 82
- 任务描述 … 82
- 任务技能 … 82
- 任务实施 … 88

任务二 使用 Requests-HTML 库清洗数据 … 93
- 任务描述 … 93
- 任务技能 … 93
- 任务实施 … 99

任务三 使用 Requests-HTML 库爬取动态数据 … 103
- 任务描述 … 103
- 任务技能 … 104
- 任务实施 … 106

项目总结 … 109
英语角 … 109
课后习题 … 109

项目五 基于 Scrapy 框架实现网页数据采集 … 110

项目导言 … 110

任务一 安装 Scrapy 框架 … 111
- 任务描述 … 111
- 任务技能 … 111
- 任务实施 … 116

任务二 使用 Scrapy 采集网页数据 … 120

任务描述 ·· 120
　　任务技能 ·· 120
　　任务实施 ·· 135
　项目总结 ·· 140
　英语角 ·· 141
　课后习题 ·· 141

项目六　基于 Scrapy-Redis 分布式实现网页数据采集 ············ 142

　项目导言 ·· 142
　任务一　安装 Redis ·· 143
　　任务描述 ·· 143
　　任务技能 ·· 143
　　任务实施 ·· 152
　任务二　使用 Scrapy-Redis 分布式采集网页数据 ················ 156
　　任务描述 ·· 156
　　任务技能 ·· 157
　　任务实施 ·· 161
　项目总结 ·· 168
　英语角 ·· 168
　课后习题 ·· 168

项目七　基于自动化测试工具实现网页数据采集 ·················· 169

　项目导言 ·· 169
　任务一　使用 Selenium 获取页面数据 ·························· 170
　　任务描述 ·· 170
　　任务技能 ·· 170
　　任务实施 ·· 178
　任务二　使用 Selenium 完成滑动条验证并获取数据 ·············· 183
　　任务描述 ·· 183
　　任务技能 ·· 184
　　任务实施 ·· 187
　任务三　使用 Splash 获取页面数据并保存页面截图 ·············· 191
　　任务描述 ·· 191
　　任务技能 ·· 191
　　任务实施 ·· 197
　项目总结 ·· 199
　英语角 ·· 199
　课后习题 ·· 199

项目一　初识网络爬虫

网络爬虫作为收集互联网数据的一种常用工具,近年来随着互联网的发展而快速发展起来。要使用网络爬虫爬取网络数据首先需要了解网络爬虫的概念和主要分类,各类爬虫的系统结构、运作方式,常用的爬取策略,以及主要的应用场景。同时,出于版权和数据安全考虑,还需了解目前有关爬虫应用的合法性及爬取网站时需要遵守的协议。本项目主要对网络爬虫相关知识进行介绍,并通过使用浏览器查看请求头信息和使用相关软件进行文章的读取两个任务来加深对爬虫基本流程的了解及相关平台的使用。

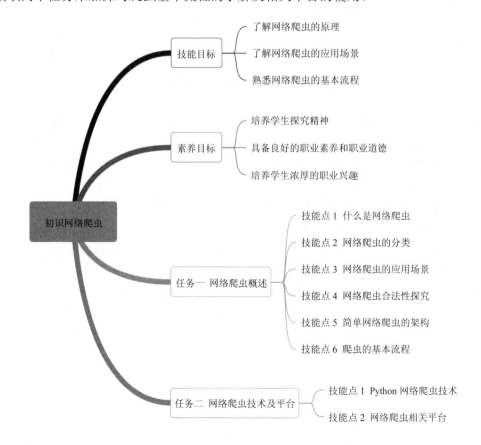

任务一　网络爬虫概述

网络爬虫可以在互联网上自动爬取信息并保存，通常应用于网络数据采集、搜索引擎索引等领域。本任务的目标是获取浏览器的请求信息，并在任务实现过程中，了解网络爬虫的概念、分类、应用场景、架构和基本流程。
- 获得请求信息。
- 获得请求头。

技能点 1　什么是网络爬虫

网络爬虫 (Web Crawler) 又称网络蜘蛛、网络机器人，是一种自动化程序，能够自动浏览网页，并收集网页上的信息，网络爬虫形象图如图 1-1 所示。可以将网络爬虫理解为一种用来自动浏览万维网的网络机器人，其目的一般为编纂网络索引。网络搜索引擎等站点可以通过爬虫软件更新自身的网站内容或其对其他网站的索引。网络爬虫可以将自己访问过的页面保存下来，以便搜索引擎事后生成索引供用户搜索。网络爬虫通常由计算机程序编写，使用特定的算法和规则来跟踪和收集信息。

网络爬虫的基本流程是通过互联网上的链接来获取网页，并在 HTML 代码中解析和提取有用的信息，例如网页的标题、关键词、摘要、内容等。网络爬虫通常可以自动收集大量信息，并将这些信息存储到数据库或文件中，以供进一步分析和处理。

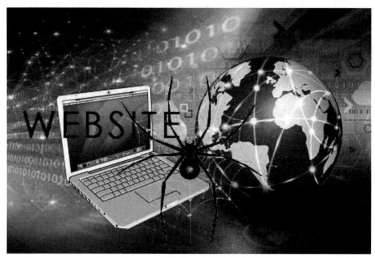

图 1-1 网络爬虫形象图

技能点 2 网络爬虫的分类

（1）按照系统结构和实现原理分类

大多数网络爬虫可以按照系统结构和实现原理分为 4 类，分别是通用网络爬虫、聚焦网络爬虫、增量式网络爬虫和深层网络爬虫。

1）通用网络爬虫

通用网络爬虫又称全爬虫，是指访问全互联网资源的网络爬虫。通用网络爬虫是"互联网时代"早期出现的传统网路爬虫，它是搜索引擎（如百度、谷歌）抓取系统的重要组成部分，主要用于将互联网中的网页下载到本地，形成一个互联网网页的镜像备份。通用网络爬虫的对象是全互联网资源，通常被搜索引擎或大型 Web 服务提供商使用，数量巨大且范围广泛，对爬取的速度及存储空间的要求都比较高。通用网络爬虫比较适合为搜索引擎搜索广泛的主题，常用的有两种爬取策略：深度优先策略和广度优先策略。通用网络爬虫的工作原理如图 1-2 所示。

● 深度优先策略。

该策略的基本方法是按照深度由低到高的顺序，依次访问每一级网页链接，直到无法再深入访问为止。在完成一个爬取分支后，返回上一节点搜索其他链接，当遍历完全部链接后，爬取过程结束。这种策略比较适合垂直搜索或站内搜索，缺点是当爬取层次较深的站点时会造成巨大的资源浪费。

● 广度优先策略。

该策略按照网页目录层次的深浅进行爬取，优先爬取较浅层次的页面。在同一层中的页面全部爬取完毕后，再深入下一层。比起深度优先策略，广度优先策略能更有效地控制页面爬取的深度，避免当遇到一个无穷深层分支时无法结束爬取的问题。该策略不需要存储大量的中间节点，但是需要较长时间才能爬取到目录层次较深的页面。

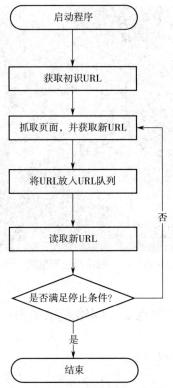

图 1-2 通用网络爬虫的工作原理

2)聚焦网络爬虫

聚焦网络爬虫是指有选择性地访问那些与预设的主题相关的网页的网络爬虫,它根据预先定义好的目标,有选择性地访问与目标主题相关的网页,获取所需要的数据。聚焦网络爬虫流程如图 1-3 所示。

聚焦网络爬虫又被称作主题网络爬虫,其最大的特点是只选择性地爬取与预设的主题相关的页面。与通用网络爬虫相比,聚焦爬虫仅需爬取与预设的主题相关的页面,极大地节省了硬件及网络资源,能更快地更新保存页面,更好地满足特定人群对特定领域信息的需求。按照页面内容和链接的重要性评价,聚焦网络爬虫常用的爬取策略有以下 4 种。

● 基于内容评价的爬取策略。

该策略将用户输入的查询词作为主题,包含查询词的页面被视为与主题相关的页面。其缺点为仅有查询功能,无法评价页面与主题的相关性。

● 基于链接结构评价的爬取策略。

网页是一种不同于一般文本的半结构化文档,包含多个超链接和结构化信息,页面中的链接指示了页面之间的相互关系。基于链接结构评价的爬取策略可以评价页面和链接的重要性。一种广泛使用的算法为 PageRank 算法,该算法可实现对互联网网页的排序,也可用于评价链接的重要性,其每次选择 PageRank 值较大页面中的链接进行访问。

PageRank 算法的基本原理:一个网页如果被多次引用,则可能是很重要的网页;一个网页如果没有被多次引用,但是被重要的网页引用,则也有可能是重要的网页。一个网页的重要性被平均地传递到它所引用的网页上。

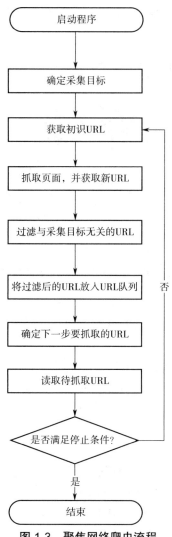

图 1-3 聚焦网络爬虫流程

- 基于增强学习的爬取策略。

该策略将增强学习引入聚焦网络爬虫,利用贝叶斯分类器基于整个网页文本和链接文本对超链接进行分类,计算每个链接的重要性,并按照重要性决定访问链接的顺序。

- 基于语境图的爬取策略。

Diligenti 等人提出了一种通过建立语境图计算网页之间的相关度的爬行策略。该策略训练一个机器学习系统,通过该系统计算当前页面到相关 Web 页面的距离,距离近的页面中的链接优先访问。

3)增量式网络爬虫

增量式网络爬虫是指对已下载的网页进行增量式更新,只抓取新产生或者已经发生变化的网页的网络爬虫。增量式网络爬虫只会抓取新产生的或内容有变化的网页,不会重新抓取内容未发生变化的网页,这样可以有效减少网页的下载量,节省访问时间和存储空间,但是增加了网页抓取算法的复杂度和实现难度。增量式网络爬虫通过重新访问网页来对本地页面进行更新,从而保持本地集中存储的页面为最新页面,常用的方法有 3 种,具体如图 1-4 所示。

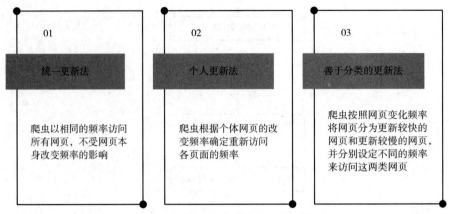

图 1-4 增量式网络爬虫常用方法

4) 深层网络爬虫

深层网络爬虫是指抓取深层网页的网络爬虫。它要抓取的网页层次比较深,需要通过一定的附加策略才能够自动抓取,实现难度较大。深层页面是指大部分内容无法通过静态链接获取,隐藏在搜索表单后的,需要用户提交关键词后才能获得的 Web 页面,如一些登录后可见的网页。深层页面中可访问的信息量为表层页面中的几百倍,为目前互联网中发展最快、规模最大的新型信息资源。深层网络爬虫在爬取数据的过程中,最重要的部分就是表单的填写,包含以下两种类型。

● 基于领域知识的表单填写。

该方法一般会维持一个本体库,并通过语义分析来选取合适的关键词填写表单。该方法将数据表单按语义分配至各组中,对每组从多方面进行注解,并结合各组注解结果预测最终的注解标签。该方法也可以利用一个预定义的领域本体知识库来识别深层页面的内容并利用来自 Web 站点的导航模式识别自动填写表单时的路径。

● 网页结构分析的表单填写。

该方法一般无领域知识或仅有有限的领域知识。其将 HTML 网页表示为 DOM 形式,将表单区分为单属性表单和多属性表单,分别进行处理,并从中提取表单各字段值。

(2) 网络爬虫其他分类

网络爬虫的相关技术越来越多,并结合不同的需求衍生出多种类型的网络爬虫。网络爬虫还可以根据不同的标准进行分类,比如按照爬取方式分类、按照爬取网站分类、按照数据处理方式分类、按照爬取内容分类等,具体内容如下。

1) 按照爬取方式分类

手动爬虫:由人工编写代码,手动执行爬虫任务。

自动化爬虫:使用编程语言编写代码,能够自动执行爬虫任务。

脚本爬虫:使用脚本语言编写代码,能够自动执行爬虫任务。

机器人爬虫:运用机器人技术,能够自动执行爬虫任务。

2）按照爬取网站分类
白帽爬虫：遵守搜索引擎规则，通过合法的方式获取信息。
黑帽爬虫：违反搜索引擎规则，通过非法的方式获取信息。
灰帽爬虫：介于白帽和黑帽之间，通常采用一些灰色手段获取信息。
3）按照数据处理方式分类
单向爬虫：只将数据返回客户端，不进行数据存储。
双向爬虫：既将数据返回客户端，又将数据存储到数据库或文件中。
4）按照爬取内容分类
文本爬虫：主要爬取文本信息，例如网页、新闻、博客等。
图片爬虫：主要爬取图片信息，例如图片库、图片搜索等。
视频爬虫：主要爬取视频信息，例如视频库、视频搜索等。
语音爬虫：主要爬取语音信息，例如语音搜索、语音识别等。

技能点 3　网络爬虫的应用场景

网络爬虫是一种非常有用的工具，可以在许多领域得到应用，以下是一些常见的应用场景。

（1）搜索引擎

互联网网页是通用搜索引擎主要的处理对象，目前互联网上的网页数量以百亿计，所以通用搜索引擎面临的首要问题是：如何设计出高效的下载系统，将海量的网页数据传输到本地，在本地形成互联网网页的镜像备份。而网络爬虫能够实现这一功能。搜索引擎需要通过爬虫来收集网页信息，从而构建索引，提供给用户搜索服务。索引通常包括网页的标题、正文、关键词、链接等信息，这些信息通常存储在数据库中。搜索引擎抓取流程原理如图 1-5 所示。

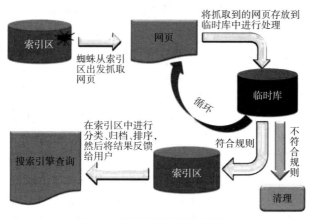

图 1-5　搜索引擎抓取流程原理

（2）数据分析

网络爬虫可以收集大量的数据，然后通过数据分析工具进行数据处理和分析，帮助用户了解市场趋势、竞争状况等。网络爬虫还可以收集网站的各种数据，例如访问量、访问者来源、访问时间等,从而帮助网站管理员了解网站的性能状况和用户行为。如图1-6所示为使用Python爬取某网站之后,通过数据分析软件对爬取的数据进行分析的效果,可以用不同的图形进行展示。

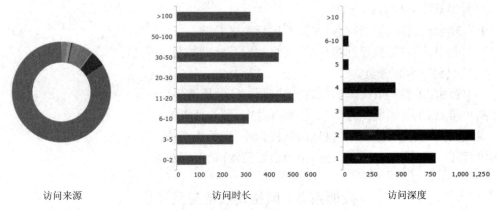

图1-6　Python爬虫数据分析

除此之外,网络爬虫还可以收集各种金融数据,例如股票价格、债券价格、基金净值等,从而帮助投资者和分析者了解市场状况和趋势。总之,网络爬虫在很多领域都可以得到应用,并且对于许多企业来说,网络爬虫技术已经成了必不可少的工具之一。

技能点4　网络爬虫合法性探究

网络爬虫目前还处于早期阶段,"允许哪些行为"这种基本秩序还处于建设之中。从目前的实践来看,如果抓取到的数据仅个人在著作权的合理使用范围内使用,通常不存在问题;而如果抓取到的数据用于其他方面,则需要注意原创作品的版权问题。

爬虫在互联网信息收集和分析方面应用广泛,例如信息搜索、价格比较、舆情监测、网站数据分析等。然而,爬虫的广泛应用也会对网站的服务器造成负担,甚至会对隐私和安全造成潜在威胁。因此,在进行爬虫活动时,需要遵守相关的法律法规和道德规范,尊重网站的隐私政策和服务条款。

爬取数据时需要注意:用户是该网站的访客,应当约束自己的抓取行为,否则IP可能会被封禁,甚至被采取更进一步的法律行动。这就要求用户尽量不要高强度、高频率地下载数据。

素养提升:推进新型工业化,建设数字中国

在学习Python爬虫的过程中,需要注意数据隐私和网络安全问题。在未经授权的情况下,不应随意爬取他人网站的数据,以免侵犯他人的隐私和造成不必要的损失。同时,也需要认识到网络爬虫技术在道德和法律层面的问题,注意遵守相关的法律法规和道德规范。学习Python爬虫不仅是为了掌握一项技能,也是为了更好地了解和适应当前数字化时代的发展趋势,更是为建设现代化产业体系,推进新型工业化,加快数字中国建设添砖加瓦。

(1) Robots 协议

Robots 协议又称爬虫协议,是网站用来限制爬虫程序访问的协议。它通常被用于避免搜索引擎和其他爬虫程序对网站资源的过度获取,从而提高网站的性能和安全性。

Robots 协议通常由协议版本号、网站域名、许可权限和条款几部分组成。协议版本号通常表示为"robots.txt";网站域名是指需要限制访问的网站的域名;许可权限是指爬虫程序访问网站的各种资源的权限;条款是指爬虫程序在访问网站时需要遵守的规则和限制。

Robots 协议的使用方法非常简单,通常只需要将协议文件放在网站的根目录下,然后将域名和协议版本号添加到文件末尾即可。协议文件可以使用文本编辑器编写,通常格式为"protocol://domain/path",其中 protocol 表示协议版本号,domain 表示网站域名,path 表示网站资源的路径。

当爬虫程序访问网站时,首先会读取根目录下的 Robots 协议文件,并判断文件内容是否允许访问。如果文件内容允许访问,则爬虫程序可以访问网站上的所有资源;如果文件内容禁止访问,则爬虫程序无法访问网站上的任何资源。

Robots 协议对于网站来说是非常重要的,它可以帮助网站管理员控制爬虫程序的访问权限,避免其过度获取网站资源,提高网站的性能和安全性。

另外很多网站都会定义 robots.txt 文件,这可以让爬虫程序了解抓取该网站时,存在哪些限制。下面列出一些知名网站的 robots.txt 访问地址:

- https://www.taobao.com/robots.txt(淘宝);
- https://www.jd.com/robots.txt(京东);
- https://www.amazon.com/robots.txt(亚马逊)。

(2) 防爬虫应对策略

随着网络爬虫技术的普及,互联网中出现了越来越多的网络爬虫,既有为搜索引擎采集数据的网络爬虫,也有很多其他开发者自己编写的网络爬虫。对于一个内容型驱动的网站而言,被网络爬虫访问是不可避免的。

尽管网络爬虫履行 Robots 协议,但还是有很多网络爬虫的抓取行为不太合理,经常同时发送上百个请求重复访问网站。这种抓取行为轻则降低网站的访问速度,给网站服务器增加巨大的处理开销,重则导致网站无法被访问,给网络造成一定的压力。因此,网站管理员会根据网络爬虫的行为特点,从来访的客户端程序中甄选出网络爬虫,并采取一些防爬虫措施阻止网络爬虫的访问。与此同时,网络爬虫会采取一些应对策略继续访问网站,常见的有添加 User-Agent 字段、降低访问频率、设置代理服务器、识别验证码,具体内容如下。

1) 添加 User-Agent 字段

浏览器在访问网站时会携带固定的 User-Agent(用户代理,用于描述测览器的类型及版本、操作系统类型及版本、浏览器插件、浏览器语言等信息),向网站表明自己的真实身份。网络爬虫访问网站时可以模仿浏览器的上述行为,也就是在请求网页时携带 User-Agent,将自己伪装成一个浏览器,如此便可以绕过网站的检测,避免出现被网站服务器直接拒绝访问的情况。

2) 降低访问频率

如果同一账户在较短的时间内多次访问网站,那么网站管理员会推断此种访问行为是网络爬虫行为,并将该账户加入黑名单,禁止其访问网站。为防止网站管理员从访问量上推断出网络爬虫的身份,可以降低网络爬虫访问网站的频率。不过,这种方式会降低网络爬虫的抓取效率。为了弥补这个不足,可以适当调整操作,如让网络爬虫每抓取一次页面数据就休息几秒,或者限制每天抓取的网页的数量。

3)设置代理服务器

网络爬虫在访问网站时若反复使用同一 IP 地址,则极易被识别身份。从而被屏蔽、阻止、封禁等,此时可以在网络爬虫和 Web 服务器之间设置代理服务器。有了代理服务器之后,网络爬虫会先将请求发送给代理服务器,代理服务器再转发给服务器,这时服务器记录的是代理服务器的 IP 地址(简称代理 IP)而不是网络爬虫所在设备的 IP 地址。互联网中有一些网站提供了大量代理 IP,可以将这些代理 IP 进行存储,以备不时之需。不过,很多代理 IP 的使用寿命非常短,需要通过一套完整的机制校验已有代理 IP 的有效性。

4)识别验证码

有些网站在检测到某个 IP 地址访问过于频繁时,会要求该客户端进行登录验证,并随机提供一个验证码。因此,网络爬虫除了要输入正确的账户密码之外,还要像人类一样通过滑动或点击行为识别验证码,然后才能继续访问网站。由于验证码的种类较多,不同的验证码需要采用不同的技术进行识别,具有一定的技术难度。

技能点 5　简单网络爬虫的架构

网络爬虫的两个主要任务是下载目标网页和从目标网页中解析信息。简单网络爬虫的架构如图 1-7 所示,包括 URL 管理器、网页下载器、网页解析器和输出管理器等。

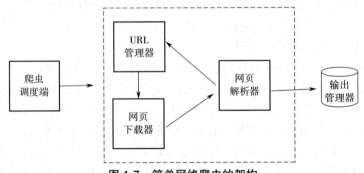

图 1-7　简单网络爬虫的架构

URL 管理器:管理将要爬取的 URL,防止重复抓取和循环抓取。URL 是爬虫爬取的入口和桥梁,除了入口 URL 外,其他 URL 需要在网页上获取并统一管理,防止重复抓取和循环抓取。

网页下载器:下载网页的组件,用于将互联网上 URL 对应的网页下载到本地,是爬虫的核心部分之一。网页下载器如图 1-8 所示。

项目一　初识网络爬虫

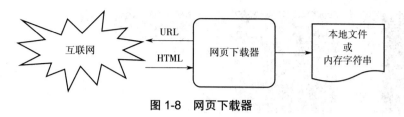

图 1-8　网页下载器

网页解析器：解析网页的组件，用于从网页中提取有价值的数据，是爬虫的另一个核心部分，包含模糊匹配和结构化解析。网页解析器如图 1-9 所示。

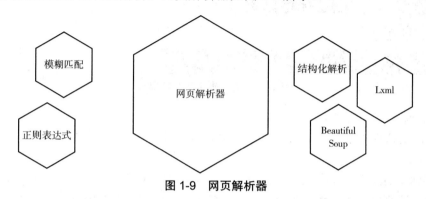

图 1-9　网页解析器

输出管理器：保存信息的组件，用于把解析出来的内容输出到文件或数据库中，如 txt 文件、csv 文件、MongoDB 中等，方便后续的数据处理。

技能点 6　爬虫的基本流程

用户获取网络数据有两种方式：一种是浏览器提交请求→下载网页代码→解析成页面；另一种是模拟浏览器发送请求（获取网页代码）→提取有用的数据→存放于数据库或文件中。爬虫一般使用第二种方式。爬取流程如图 1-10 所示。

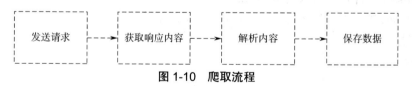

图 1-10　爬取流程

第一步：发起请求。

网络爬虫的第一步是向起始 URL 发送请求以获取其返回的响应。发送请求的实质是发送请求报文的过程，但在使用 Python 相关库给特定 URL 发送请求时，只需要关注某些特定的值，而不是完整的请求报文。请求报文的组成部分如图 1-11 所示。

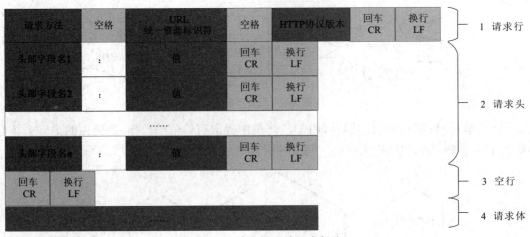

图 1-11　请求报文的组成部分

（1）请求行

请求行由请求方法、请求 URL 和 HTTP 协议版本 3 个字段组成，用空格分隔，具内容如下。

● 请求方法。请求方法是指对目标资源的操作方式，常见的有 GET 方法和 POST 方法。GET 方法可以从指定的资源请求数据，查询字符串包含在 URL 中发送；POST 方法可以向指定的资源提交要被处理的数据，查询字符串包含在请求体中发送。

● 请求 URL。请求 URL 是指目标网站的统一资源定位符，是该网站的唯一标识。

● HTTP 协议版本。HTTP 协议是指通信双方在通信流程和内容格式上共同遵守的标准，这里只需有所了解即可。

（2）请求头

请求头被认为是请求的配置信息，常用的请求头信息如下。

● User-Agent：包含发出请求的用户信息，常用于处理反爬虫。

● Cookie：包含先前请求的内容，常用于模拟登录。

● Referer：指示请求的来源，可以防止链盗以及恶意请求。

（3）空行

空行标志着请求头的结束。

（4）请求体

如果是 GET 方法，请求体没有内容（GET 请求的请求体放在 URL 后面的参数中，直接能看到）；如果是 POST 方法，请求体是 format data。

第二步：获取响应内容。

如果发送请求成功，服务器能够正常响应，则会得到一个 Response。Response 包含 HTML、JSON、图片、视频等。获取特定 URL 返回的响应已提取包含在其中的数据。响应报文的组成部分如图 1-12 所示。

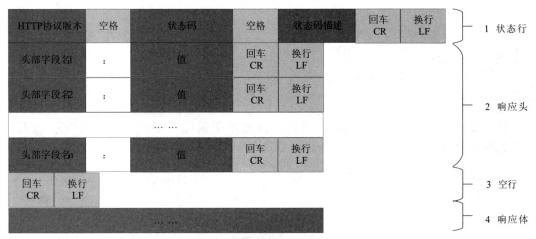

图 1-12　响应报文的组成部分

（1）状态行

状态行由 HTTP 协议版本、状态码及其描述组成。其中 HTTP 协议版本指的是通信的双方在通信流程或内容格式上共同遵守的标准；状态码及其描述则表示相应的状态，常用状态码及其描述如下。

- 100~199：信息，服务器收到请求，需要请求者继续执行操作。
- 200~299：成功，操作被成功接收并处理。
- 300~399：重定向，需要进一步操作以完成请求。
- 400~499：客户端错误，请求包含语法错误或无法完成请求。
- 500~599：服务器错误，服务器在处理请求的过程中发生了错误。

（2）响应头

响应头描述服务器和数据的基本信息，常用的响应头信息如下。

- Set-Cookie：设置浏览器 Cookie，以后当浏览器访问符合条件的 URL 地址时，会自动带上这个 Cookie。

（3）空行

空行标志着响应头的结束。

（4）响应体

响应体就是响应的消息体，是网站返回的请求数据，可以对其进行分析处理。

第三步：解析内容。

响应的内容如果是 HTML 数据，则需要正则表达式（RE 模块）、第三方解析库（如 BeautifulSoup、pyquery 等）来解析；如果是 JSON 数据，则需要使用 JSON 模块接续；如果是二进制文件，则需要以 wb 模式写入文件。

第四步：保存数据。

解析完的数据可以保存在数据库中，常用的数据库有 MySQL、MongoDB、Redis 等，或者可以保存为 JSON、excel、txt 文件。

第一步:打开 Chrome 浏览器,在网页空白处单击鼠标右键,选择"检查"或"查看元素",如图 1-13 所示。

图 1-13　选择"检查"

第二步:单击"检查"之后,浏览器下方弹出一个子页面,单击子页面上方菜单中的"Network",如图 1-14 所示。

图 1-14　单击"Network"

第三步:重新输入一个网址,按回车键打开或者直接刷新主页,可以看到子页面下方出现了很多请求的 URL 记录,如图 1-15 所示。

项目一　初识网络爬虫

图 1-15　刷新页面

第四步：向上拉动右侧滚动条，找到最上面那条请求记录，可以看到最先发出的那条请求，单击这条记录，右侧会出现请求的详细信息，如图 1-16 所示。

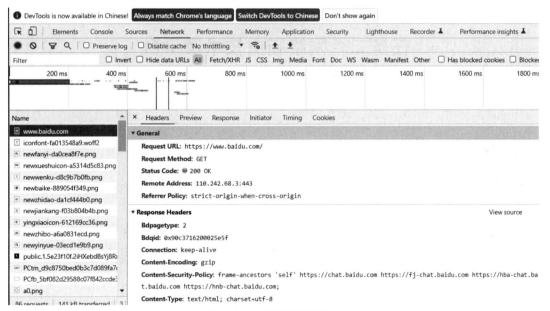

图 1-16　请求的详细信息

第五步：图 1-6 中显示了请求的网址、使用的请求方法和响应状态码等信息，向下拉右侧滚动条，能看到 Request Headers 的内容，也就是请求头部信息，如图 1-17 所示。

图 1-17 请求头部信息

从图 1-17 中可以看到，请求的 Headers 是以类似字典的形式存在的，这个字典包含了用户代理(User-Agent)的信息，例如下面是从浏览器中复制出来的这次请求的 User-Agent 信息。

> Mozilla/5.0 (Windows NT 10.0; Win64; x64) AppleWebKit/537.36 (KHTML, like Gecko) Chrome/112.0.0.0 Safari/537.36

任务二　网络爬虫技术及平台

网络爬虫在实现过程中，通常会包含发起 HTTP 请求、解析网页内容和提取数据等步骤，这些步骤可借助 Python 中的库或相关网络爬虫平台实现，本任务将使用网络爬虫平台获取指定 URL 的文本内容。

● 进入网络爬虫平台。
● 进入正文识别演示。
● 输入含有文章的 URL 链接。

技能点 1　Python 网络爬虫技术

（1）Python 中实现 HTTP 请求

网页下载器是爬虫的核心部分之一。下载网页就需要实现 HTTP 请求，在 Python 中实现 HTTP 请求比较常用的两个库分别是 urllib 库和 Requests 库。

urllib 库是 Python 内置的 HTTP 请求库，可以直接调用。Requests 库是用 Python 语言编写的，基于 urllib，采用 Apache2 Licensed 开源协议的 HTTP 库。Requests 库比 urllib 库更加方便，使用它可以减少大量的工作，完全满足 HTTP 的测试需求。在这两种实现 HTTP 请求的库中，Requests 库最简单，功能也最丰富，完全可以满足 HTTP 测试需求。

（2）Python 中实现网页解析

所谓网页解析器，简单来说就是用来解析 HTML 网页的工具，它主要用于从 HTML 网页信息中提取需要的、有价值的数据和链接。在 Python 中解析网页主要用到正则表达式、LXML 库、BeautifulSoup 等。

● 正则表达式描述了一种字符串匹配的模式，可以检查一个串是否含有某种子串，将匹配的子串替换或者从某个串中取出符合某个条件的子串等。正则表达式的优点是基本能提取想要的所有信息，效率比较高，但缺点也很明显——不是很直观，写起来比较复杂。

● LXML 库使用的是 XPath 语言，同样是效率比较高的解析库。XPath 语言是一门在 XML 文档中查找信息的语言，可用来在 XML 文档中对元素和属性进行遍历。XPath 语言比较直观易懂，配合 Chrome 浏览器或 Firefox 浏览器，写起来非常简单，它的代码运行速度快且健壮，一般来说是解析数据的最佳选择。LXML 是本书使用的解析网页的主力工具。

● BeautifulSoup。BeautifulSoup 是一个可以从 HTML 或 XML 文件中提取数据的 Python 库。它能够通过转换器实现惯用的文档导航、查找。BeautifulSoup 编写效率高，能节省很多时间。BeautifulSoup 比较简单易学，但相比 LXML 和正则表达式，解析速度慢很多。

（3）爬虫框架

HTTP 请求库和网页解析技术都是在一步步手写爬虫时使用的，Python 中还有很多帮助实现爬虫项目的半成品，如爬虫框架。爬虫框架允许根据具体项目的情况，调用框架的接口，编写少量的代码实现爬虫。爬虫框架实现了爬虫要实现的常用功能，能够节省编程人员开发爬虫的时间，帮助编程人员高效地开发爬虫。常见的爬虫框架主要有 Scrapy 框架、Pyspider 框架和 CoB 框架。

Scrapy 框架是 Python 中最著名、最受欢迎的爬虫框架，是一种高速的高层 Web 爬取和 Web 采集框架，可用于爬取网站页面，并从页面中抽取结构化数据，是一个相对成熟的框架。Scrapy 框架有着丰富的文档和开放的社区交流空间，在设计上考虑了从网站抽取特定的信息。它支持使用 CSS 选择器和 XPath 表达式,使开发人员可以聚焦于实现数据抽取。Scrapy 框架是为爬取网站数据、提取结构性数据而编写的,可以应用在包括数据挖掘、信息处理或存储历史数据等在内的一系列程序中。Scrapy 的 Logo 如图 1-18 所示。

图 1-18　Scrapy Logo

Pyspider 框架是用 Python 实现的、功能强大的网络爬虫系统,能在浏览器界面上进行脚本的编写、功能的调度和爬取结果的实时查询,支持 JavaScript 网页,具有分布式架构,支持将爬取数据存储在用户选定的后台数据库中,例如 MySQL、MongoDB、Redis、SQLite、Elasticsearch 等,能定时设置任务与任务优先级,也可以通过 GitHub 下载对应的源码。其官网效果如图 1-19 所示。

图 1-19　Pyspider 官网

技能点 2　网络爬虫相关平台

(1)火车采集器

火车采集器作为使用人数最多的网络爬虫平台,是一款专业的互联网数据抓取、处理、分析、挖掘软件，可以灵活、迅速地抓取网页上散乱分布的数据信息，并通过一系列分析处理，准确挖掘所需数据。火车采集器公司历经十多年的软件升级更新，积累了大量的用户和口碑。该软件优点包括：在采集时不限网页、不限内容，支持多种拓展，打破操作局限；采用分布式高速采集，稳定性强，支持多个大型服务器同时运作，最大化提升效率。该软件为收费制，但好在性价比较高，每年 960 元起。火车采集器官网界面如图 1-20 所示。

图 1-20　火车采集器官网界面

（2）HTTracks

HTTracks 是一款免费的且易于使用的离线浏览器功能网络爬虫软件，适用于 Windows、Linux、Sun Solaris 和其他 Unix 系统。它可以将一个或多个 Web 站点下载到本地目录，递归构建全部目录，以及获取 HTML、图像和其他文件到本地计算机。HTTracks 会维持原站点的相对链接结构。用户可以用浏览器打开本地的镜像页面，并逐个链接浏览，与在线浏览无异。HTTracks 也支持对已有镜像站点的更新，以及从中断点恢复下载。HTTracks 高度可配置，并提供帮助文档。HTTracks 官网界面如图 1-21 所示。

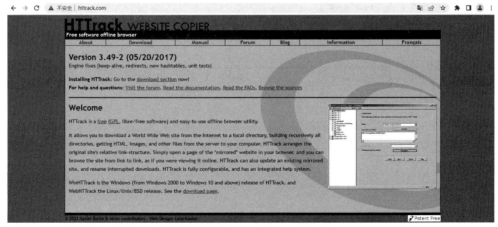

图 1-21　HTTracks 官网界面

（3）WebHarvy

WebHarvy 是一款功能强大的网页采集工具，可以帮助用户快速获取和提取网页上的数据。它支持多种网站，包括各种新闻、论坛、博客和常见的社交媒体网站，可以自动抓取数据，并将其导出为常见格式，如 CSV、XML、JSON 等。

WebHarvy 界面包含 URL 列表、URL 浏览器、采集规则和采集结果。URL 列表用来存储待采集的 URL 地址；URL 浏览器用来浏览已加入待采集列表中的 URL 地址；采集规则用来设置如何采集目标 URL 地址中的内容；采集结果会显示当前采集进度以及已采集的内容。

（4）优采云采集器

优采云采集器是一款基于云计算的数据采集工具，可以帮助用户快速、高效地获取所需的信息。它具有强大的数据处理能力，可以在短时间内从海量数据中抓取所需内容，并进行清洗、整合、分析等操作。优采云采集器官网界面如图 1-22 所示。

图 1-22　优采云采集器官网界面

第一步：打开优采云采集器，选择"不用注册"，立即体验。试用界面如图 1-23 所示。

项目一　初识网络爬虫

图 1-23　试用界面

第二步：选择"正文识别演示"，如图 1-24 所示。

图 1-24　选择"正文识别演示"

第三步：输入含有文章的 URL（比如"迅腾"文章的 URL），单击"抓取"，如图 1-25 所示，可以看到"标题与正文相关度"评分，同时可以查看爬取的源码和原网页。

图 1-25　爬取正文新闻效果

通过对网络爬虫基础知识的学习,读者对网络爬虫的分类、应用场景和常用的爬虫框架有了一定了解,掌握了网络爬虫平台的使用方法及使用网络爬虫平台获取含有文章的 URL 中数据的方法。

Crawler	爬行物
Referer	来路
PageRank	页面排名
Format	格式化
Robots	机器人
Licensed	特许经营
Protocol	协议
Beautiful	美丽的
Agent	代理人
Elasticsearch	弹性搜索

1. 选择题

（1）爬虫按照系统结构和实现原理进行分类不包括（　　）。
A. 浅层网络爬虫　　　　　　　　　　B. 聚焦网络爬虫
C. 通用网络爬虫　　　　　　　　　　D. 增量式网络爬虫

（2）按照爬虫的爬取方式可将爬虫分为手动爬虫、自动爬虫、脚本爬虫和（　　）。
A. 平台爬虫　　　B. 建站爬虫　　　C. 机器人爬虫　　　D. 多线程爬虫

（3）请求报文的组成部分不包括（　　）。
A. 状态行　　　　B. 请求行　　　　C. 请求头　　　　D. 请求体

（4）状态码在什么范围表示"信息,服务器收到请求,需要请求者继续执行操作"（　　）。
A.300~300　　　B.200~299　　　C.100~199　　　D.400~499

（5）爬虫的基本流程不包括（　　）。
A. 重构页面文档　　B. 发起请求　　C. 解析内容　　D. 获取响应内容

2. 简答题

（1）简述通用网络爬虫的工作原理。
（2）简述爬虫的基本流程。

项目二　基于 Python 库实现静态数据采集

随着互联网的不断发展,爬取网页已经成为许多程序员和数据分析师必备的技能之一。而 Python 作为一个流行的编程语言,其内置的 Requests、BeautifulSoup 和 LXML 爬虫库成了爬取网页的利器。本项目主要通过对 Requests 库发送网络请求,BeautifulSoup 库对获取的 HTML 源代码进行解析的学习,最终实现网站页面内容的获取。

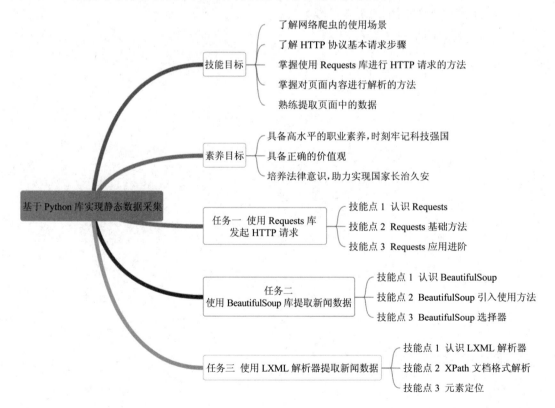

任务一　使用 Requests 库发起 HTTP 请求

网络请求是客户端和服务器之间进行数据交换的一种常用手段。通过发送网络请求，客户端可以获取服务器上的数据，而服务器也可以在接收到请求后返回相应的数据。本任务将使用 Requests 库来讲解如何发送网页请求，并最终实现网页请求及返回页面结构。
- 引入 Requests。
- 使用 Requests 中的函数实现 HTTP 请求。
- 打印页面结构。

技能点 1　认识 Requests

Requests 是一个流行的 Python 库，用于在 Web 上发送 HTTP 请求。它提供了一种简单的方式，让开发人员可以使用 Python 编写 HTTP 客户端应用程序。使用 Requests 库可以轻松地发送 HTTP 请求、接收响应，并处理 HTTP 响应中的数据。Requests 的特点如下。

（1）简单易用：Requests 库的使用非常简洁，可以通过一个简单的 import 语句导入，然后使用其函数和类发送请求和处理响应。

（2）支持多种请求方式：Requests 库支持 GET、POST、PUT、DELETE 等多种 HTTP 请求方式，并且可以混合使用。

（3）通过响应（Response）对象处理响应数据：Requests 库返回的是一个 Response 对象，其中包含了响应的状态码、内容和元数据等信息，可以通过 Response 对象的方法和属性来处理响应数据。

（4）高效：Requests 库使用优化的 C 语言代码来发送请求，并且在多线程和多进程的情况下表现出色。

（5）跨平台支持：Requests 库可以在多个操作系统和平台上运行，包括 Windows、macOS

和 Linux 等。

（6）社区支持：Requests 库有一个庞大的开源社区，有许多优秀的第三方库和插件可供使用，并且有很多教程和文档可以帮助开发人员更好地了解和使用 Requests 库。

Requests 库安装代码如下所示。

```
pip install Requests
```

Requests 库安装结果如图 2-1 所示。

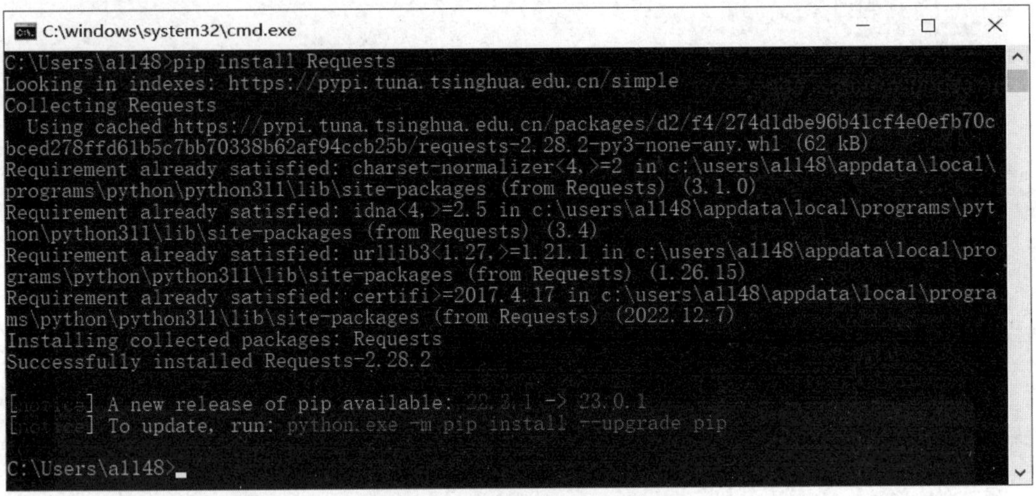

图 2-1 Requests 库安装结果

技能点 2　Requests 基础方法

Python 的 Requests 库是一个用于发送 HTTP 请求的流行库。Requests 库的 URL 操作方法如表 2-1 所示。

表 2-1 Requests 库的 URL 操作方法

方法	描述
requests.request()	构造一个请求，是最基本的方法，支持以下各种方法
requests.get()	获取网页，对应 HTTP 中的 GET 方法
requests.post()	向网页提交信息，对应 HTTP 中的 POST 方法
requests.head()	获取 HTML 网页的头信息，对应 HTTP 中的 HEAD 方法
requests.put()	向 HTML 提交信息，原信息被覆盖，对应 HTTP 中的 PUT 方法
requests.patch()	向 HTML 网页提交局部修改请求，对应 HTTP 中的 PATCH 方法
requests.delete()	向 HTML 提交删除请求，对应 HTTP 中的 DELETE 方法

上述 URL 操作方法的详细语法和使用方法如下。

(1) requests.request()

Requests 库提供了一种构建和发送 HTTP 请求的方法,即 requests.request() 方法。该方法用于获取网页信息、提交数据等操作,是构建 HTTP 请求的基础。该方法接受多种参数,包括请求方法、URL、请求头、请求体等。requests.request() 方法的语法格式如下。

> requests.request(method,url,headers=None,params=None,data=None,json=None,session=None,verify=None,cert=None,timeout=None,cookie=None,auth=None,files=None,proxies=None,allow_redirects=None)

requests.request() 方法参数说明如表 2-2 所示。

表 2-2 requests.request() 方法参数说明

参数	说明
method	请求方式,包含 GET、POST、HEAD、PUT、DELETE、OPTIONS 等
url	请求的 URL,包含查询字符串
headers	格式为字典,作为 HTTP 定制头
params	格式为字典或字节序列,作为参数增加到 URL 中
data	格式为字典、字节序列或文件对象,作为 Request 的内容
json	为 JSON 格式的数据,作为 Request 的内容
session	创建新的会话对象,可以用于设置默认会话、设置代理等
verify	认证 SSL 证书开关,值为 True、False,默认值为 Ture
cert	本地 SSL 证书路径
timeout	设定超时时间,单位为秒
cookie	格式为字典、CooKiJar,作为 Request 中的 Cookie
auth	格式为元祖,支持 HTTP 认证功能
files	格式为字典,作为传输文件
proxies	格式为字典,设定访问代理服务器,可以增加登录认证
allow_redirects	重定向开关,值为 True、False,默认值为 True

使用 requests.request() 方法成功构建并发送 HTTP 请求后,会返回一个 Response 对象。通过 Response 对象,可以方便地获取网页信息或提交数据。Response 对象包含的部分属性如表 2-3 所示。

表 2-3 Response 对象包含的部分属性

属性	描述
r.states_code	获取返回的状态码

续表

属性	描述
r.text / r.read()	HTTP 响应内容以文本形式返回
r.content	HTTP 响应内容的二进制形式
r.json()	HTTP 响应内容的 JSON 形式
r.raw	HTTP 响应内容的原始形式
r.encoding	从 HTTP header 中猜测的响应内容编码方式
r.apparent_encoding	从内容中分析出的响应内容编码方式（备选编码方式）
r.url	HTTP 访问的完整路径以字符串形式返回
r.encoding = 'utf-8'	设置编码
r.headers	返回字典类型，头信息
r.ok	查看值为 True、False，判断是否登录成功
r.requests.headers	返回发送到服务器的头信息
r.cookies	返回 Cookie
r.history	返回重定向信息，在请求上加上 allow_redirects = false 用来阻止重定向

当判断请求响应状态时，需要使用 Response 对象的 states_code 状态码查询属性，通过查看当前的状态码可以获得该请求的状态。常见的状态码及意义如表 2-4 所示。

表 2-4 常见的状态码及意义

状态码	意义
200	客户端请求成功
301	客户端请求的文档在其他地方，新的 URL 在 Location 头中给出，浏览器应该自动访问新的 URL
302	与状态码 301 类似，但新的 URL 应该被视为临时性的替代，而不是永久性的
304	客户端有缓冲的文档并发出了一个条件性的请求
400	客户端请求有语法错误，不能被服务器理解
401	请求未经授权，这个状态代码必须和 WWW-Authenticate 报头域一起使用
403	服务器收到请求，但是拒绝提供服务
404	请求资源不存在，例如：输入了错误的 URL
500	服务器发生不可预期的错误
503	服务器当前不能处理客户端的请求，一段时间后可能恢复正常

（2）requests.get()

requests.get() 方法用于构建和发送 HTTP 请求，以及获取数据，返回文本类型的数据。其与 requests.request() 方法将 method 属性设置为 GET 作用一致，语法格式如下所示。

```
requests.request(url,headers=None,params=None,data=None,json=None,session=None,
verify=None,cert=None,timeout=None,cookie=None,auth=None,files=None)
```

requests.get() 方法中的参数含义与 requests.request() 方法中的相同,但是 requests.get() 方法不包含 method 参数。

(3) requests.post()

requests.post() 方法用于向服务器发送 POST 请求。它的作用是向服务器发送数据,并根据响应状态码确定请求是否成功,返回结果为 JSON 类型,语法格式如下所示。

```
requests.post(url,headers=None,params=None,session=None,verify=None,cert=None,time
out=None,cookie=None,auth=None,files=None)
```

requests.post() 方法中包含的参数含义与 requests.request() 方法中的相同。

(4) requests.head()

requests.head() 方法是 Requests 库提供的一种用于获取请求头信息的方法。其返回一个 Response 对象,但是这个对象只包含请求头信息,而不含请求体信息,语法格式如下所示。

```
requests.head(url,headers=None,params=None,data=None,json=None,session=None,
verify=None,cert=None,timeout=None,cookie=None,auth=None,files=None,proxies=None,
allow_redirects=None)
```

requests.head() 方法中包含的参数含义与 requests.request() 方法中的相同。

(5) requests.put()

requests.put() 方法是 Requests 库提供的一种用于发送 HTTP PUT 请求的方法。其返回一个 Response 对象,这个对象包含请求体信息和响应状态码,能够将数据参数提交到指定 URL 中。其与 requests.post() 方法的区别在于 requests.post() 方法只用来提交数据不会伴随别的操作,而 requests.put() 方法会在提交数据后覆盖全部原有的数据,语法格式如下所示。

```
requests.put(url,headers=None,params=None,data=None,json=None,session=None, verify=
None,cert=None,timeout=None,cookie=None,auth=None,files=None,proxies=None,allo
w_redirects=None)
```

requests.put() 方法中包含的参数含义与 requests.request() 方法中的相同。

(6) requests.patch()

requests.patch() 方法是 HTTP 协议中用于更新资源的方法之一,它类似于 requests.put() 方法,但可以更新资源而不是覆盖资源,语法格式如下所示。

```
requests.patch(url,data=None,json=None,verify=True,cert=None, headers=None, auth=Non
e, timeout=None,)
```

requests.patch() 方法中包含的参数含义与 requests.request() 方法中的相同。

(7) requests.delete()

requests.delete() 方法用于删除资源中的文件、文件夹或其他资源。requests.delete() 方法的语法结构与 requests.request() 方法基本相同,语法格式如下所示。

> requests.delete(url,headers=None,params=None,data=None,json=None,session=None,
> verify=None,cert=None,timeout=None,cookie=None,auth=None,files=None,proxies=
> None,allow_redirects=None)

技能点 3　Requests 应用进阶

Requests 库中包含的基础方法能够实现基本的 POST、GET 等请求,除了这些基本操作外,Requests 还有一些高级用法,如文件上传、超时设置、证书验证、代理设置、异常处理等操作。

(1) 文件上传

requests.post() 方法用于向服务器发送 POST 请求并获取响应。除此之外 requests.post() 方法还能将文件上传到服务器,以便服务器处理文件。

创建名为 textdemo.txt 的数据文件,并在该文件中输入数据,文件内容如下所示。

> params={'k1':'V1','k2':'V2'}

打开 cmd 命令行窗口,使用 requests.post() 方法将文件上传到 POST 请求测试 URL "http://httpbin.org/post",代码如下所示。

```
# 引入 Requests 库
import requests
# 获取文件
files = {'file':open('textdemo.txt','rb')}
# 将数据提交到测试 URL"http://httpbin.org/post"中
r = requests.post("http://httpbin.org/post", files=files)
# 打印结果
print(r.text)
```

文件上传效果如图 2-2 所示。

(2) 超时设置

超时设置是一种优化请求响应时间的技术。当主机或服务器的网络状况较差,响应速度变慢或无响应时,传统的请求处理方式需要等待很长时间才能接收响应,有时甚至无法接收响应而报错。而超时设置可以通过设置超时时间来解决这一问题。超时时间的单位通常为秒,当请求超过设置的超时时间时,程序会抛出异常,从而及时停止请求,避免浪费过多的时间和资源。

使用 requests.get() 方法访问 GET 请求测试 URL "http://httpbin.org/get",并将超时时间设置为 10 秒,代码如下所示。

```
>>> files = {'file':open('textdemo.txt','rb')}
>>> import requests
>>> files = {'file':open('textdemo.txt','rb')}
>>> r = requests.post("http://httpbin.org/post", files=files)
>>> print(r.text)
{
  "args": {},
  "data": "",
  "files": {
    "file": "params={'k1':'V1','k2':'V2'}"
  },
  "form": {},
  "headers": {
    "Accept": "*/*",
    "Accept-Encoding": "gzip, deflate",
    "Content-Length": "176",
    "Content-Type": "multipart/form-data; boundary=088c943b0f2421987bd9a8ae92881020",
    "Host": "httpbin.org",
    "User-Agent": "python-requests/2.28.2",
    "X-Amzn-Trace-Id": "Root=1-64488f7e-37fe95722e8ec4cb6de000e9"
  },
  "json": null,
  "origin": "43.154.126.97",
  "url": "http://httpbin.org/post"
}
>>>
```

图 2-2　文件上传效果

```
# 引入 Requests 库
import requests
# 进行超时设置
response = requests.get('http://httpbin.org/get', timeout=10)
# 打印状态码
print(response.status_code)
```

超时异常效果如图 2-3 所示。

```
>>> import requests
>>> response = requests.get('http://httpbin.org/get', timeout=10)
>>> print(response.status_code)
200
>>>
```

图 2-3　超时异常效果

当一个请求需要无限等待服务器响应时，需要设置永久等待时间，可以将 timeout 参数的值设置为 None 或者不使用 timeout 参数。

（3）证书验证

若当前访问的 URL 连接的证书没有被 CA 机构信任，使用浏览器访问该 URL 会提示 "您访问的连接不是私密连接"，由于 Requests 库证书验证功能的存在，在发送 HTTP 请求时会自动进行 SSL 证书的检查。这时，如果使用 requests.get() 方法对这种连接进行请求，需要将 verify 参数设置为 False，关闭验证功能，代码如下所示。

```
# 引入 Requests 库
import requests
# 访问需要进行证书验证的 URL“https://vpn.tute.edu.cn/com/installClient.html”定义请求并关闭验证功能
response = requests.get('https://vpn.tute.edu.cn/com/installClient.html',verify=False)
# 打印状态码
print(response.text)
```

关闭验证功能运行结果如图 2-4 所示。

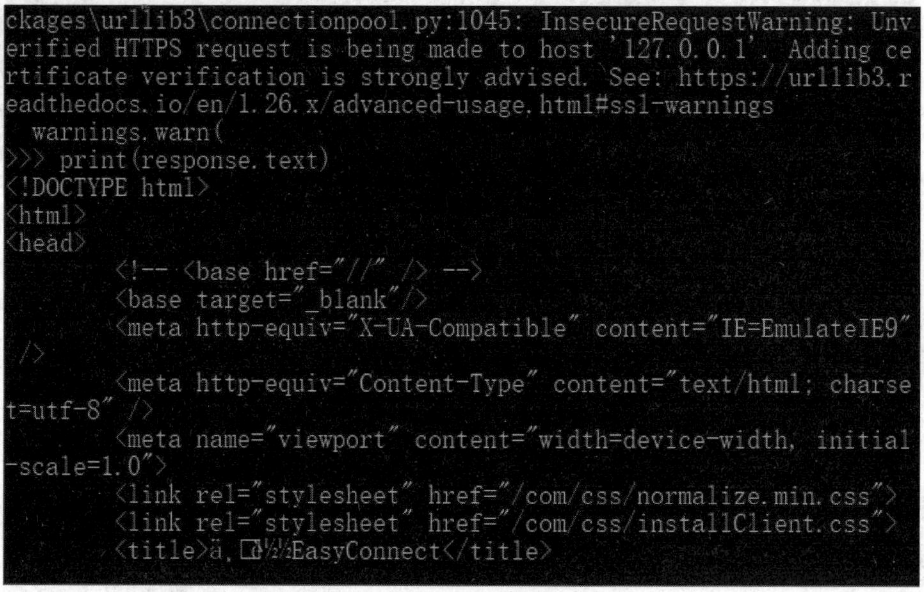

```
ckages\urllib3\connectionpool.py:1045: InsecureRequestWarning: Unv
erified HTTPS request is being made to host '127.0.0.1'. Adding ce
rtificate verification is strongly advised. See: https://urllib3.r
eadthedocs.io/en/1.26.x/advanced-usage.html#ssl-warnings
  warnings.warn(
>>> print(response.text)
<!DOCTYPE html>
<html>
<head>
        <!-- <base href="//" /> -->
        <base target="_blank"/>
        <meta http-equiv="X-UA-Compatible" content="IE=EmulateIE9"
 />
        <meta http-equiv="Content-Type" content="text/html; charse
t=utf-8" />
        <meta name="viewport" content="width=device-width, initial
-scale=1.0">
        <link rel="stylesheet" href="/com/css/normalize.min.css">
        <link rel="stylesheet" href="/com/css/installClient.css">
        <title>ä¸.□½EasyConnect</title>
```

图 2-4 关闭验证功能运行结果

（4）代理设置

爬虫时使用代理的作用是隐藏真实的 IP 地址，从而保护爬虫软件免受惩罚或封禁。

具体来说，代理可以帮助爬虫软件绕过一些网站设置的访问限制或验证码，从而使爬虫软件更顺利地完成任务。此外，代理还可以改变爬虫软件的 IP 地址，使其看起来不是来自特定的地理位置，从而减少被网站检测到的风险。

另外，使用代理也可以提高爬虫软件的安全性，避免被搜索引擎识别并受到惩罚。一些网站会对某些爬虫软件进行反制，例如限制访问速度或添加验证码等，使用代理可以不受这些限制，让爬虫软件顺利地完成任务，代理设置的方法如下所示。

```
# 引入 Requests 库
import requests
# 定义代理地址、端口
proxies= {
"http":"http://127.0.0.1:8888",
"https":"http://127.0.0.1:8888"
}
# 定义请求
r = requests.get("https://www.baidu.com",proxies=proxies)
# 打印内容
print(r.text)
```

（5）异常处理

当进行 HTTP 请求的发送时，由于各种各样的原因，Requests 库中包含的方法进行请求时可能会失败而抛出异常，而所有能够见到的 Requests 抛出的异常都是通过 Requests 库中的 requests.exceptions.RequestException 类继承的。目前，常见的异常如表 2-5 所示。

表 2-5 常见的异常

异常	描述
requests.ConnectionError	网络连接错误异常，如 DNS 查询失败、拒绝连接等
requests.HTTPError	HTTP 错误异常
requests.URLRequired	URL 缺失异常
requests.TooManyRedirects	超过最大重定向次数，产生重定向异常
requests.ConnectTimeout	连接远程服务器超时异常
requests.Timeout	请求 URL 时，产生超时异常

使用 requests.get() 方法访问测试 URL "http://httpbin.org/get"，将超时时间设置为 0.5 秒，并根据访问的具体情况输出异常类型，代码如下所示。

```
# 引入 Requests 库
import requests
# 方法引入
from requests.exceptions import ReadTimeout, ConnectionError, RequestException
# 异常处理
try:
    response = requests.get("http://httpbin.org/get", timeout = 0.5)
    print(response.status_code)
# 抛出异常
```

```
except ReadTimeout:
    # 超时异常
    print('Timeout')
except ConnectionError:
    # 连接异常
    print('Connection error')
except RequestException:
    # 请求异常
    print('Error')
```

Requests 异常处理效果如图 2-5 所示。

```
>>> import requests
>>> from requests.exceptions import ReadTimeout, ConnectionError, RequestException
>>> try:
...     response = requests.get("http://httpbin.org/get", timeout = 0.5)
...     print(response.status_code)
... except ReadTimeout:
...     print('Timeout')
... except ConnectionError:
...     print('Connection error')
... except RequestException:
...     print('Error')
...
Timeout
>>>
```

图 2-5　Requests 异常处理效果

第一步：打开浏览器，输入网站地址：http://www.xtgov.net/news/1?page=1，页面内容如图 2-6 所示。

图 2-6　页面内容

第二步：按"F12"键打开浏览器的代码查看工具，找到图 2-6 中内容所在区域并展开页面结构代码，如图 2-7 所示。

```html
<td class="v-top p-t-b-20">
  <div style="font-size: 16px; font-weight: bold;">
    <a style="color: inherit;" href="/new/625">
      " 国开教育集团董事长王鲁刚一行来集团交流 "
    </a>
  </div>
  <div class="none">
    <a style="color: inherit;" href="/new/625">
      " 4月15日，国开教育集团董事长、潍坊食品科技职业学院董事长王鲁刚，董事长助理刘璐嘉，潍坊食品科技职业学院副院长张学东一行来滨海迅腾科技集团交流。天津滨海迅腾科技集团有限公司（以下简称"迅腾集团"）董事长邵荣强、总裁沈燕宁陪同交流。
      "
    </a>
  </div>
</td>
<td class="p-21">
  <div class="n-date">04-15</div>
  <div class="n-year">2023</div>
  <div class="m-t-10"></div>
</td>
```

图 2-7　页面结构

第三步：根据页面结构代码进行分析，本次需要爬取的数据包含三个，分别为新闻标题、新闻简介以及发布时间，其中新闻标题和新闻简介包含在 class 属性为"v-top p-t-b-20"的 td 元素中，发布时间分别包含在 class 属性为"n-date"和"n-year"的 div 中。

第四步：打开命令行进入 Python 编程环境，引入 Requests、BeautifulSoup 和 csv 库，代码如下所示。

```
# 引入相关库
from bs4 import BeautifulSoup
import requests
import csv
```

第五步:设置请求头信息,使用 Requests 方法发起 GET 请求获取新闻页面整体结构,代码如下所示。

```
# 请求头
ua_header={"User-Agent":"Mozilla/5.0 (Windows NT 10.0; Win64; x64) AppleWebKit/537.36( KHTML, like Gecko) Chrome/90.0.443 0.93 Safari/537.36"}
html=requests.request(method='GET',url="http://www.xtgov.net/news/1",headers=ua_header)
print(html.text)
```

获取新闻页面整体结构运行结果如图 2-8 所示。

图 2-8　获取新闻页面整体结构运行结果

任务二　使用 BeautifulSoup 库提取新闻数据

BeautifulSoup 能够将 HTML 和 XML 转换为树形结构,并可以在树形结构中使用自身函数进行元素的选取和数据的提取。目前通过本项目任务一已经实现了使用 Requests 发起 HTTP 请求并获得了 HTML 文档。在本任务中,将使用 BeautifulSoup 库对 HTML 文档进行解析,并获取页面中的数据。

- 使用 Requests 库发起 HTTP 请求,获得 HTML 文档。
- 使用 BeautifulSoup 库对 HTML 文档进行解析。
- 使用 BeautifulSoup 选择器对数据进行提取。
- 将数据保存到 csv 文件中。

技能点 1　认识 BeautifulSoup

BeautifulSoup 是一个 Python 库,用于解析 HTML 和 XML 文档,并生成树形结构。它可以帮助开发人员轻松地从 Web 中提取数据,进行数据清洗和转换,以及创建动态 Web 页面等。

BeautifulSoup 使用 CSS 选择器定位和提取文档中的数据,这使得它非常适合处理大型文档库,并且可以迅速地处理数百万行的 HTML 数据,它还可以处理非 HTML 格式的文档,如 XML、JSON 和文本文件等。

BeautifulSoup 提供了多种方法用于提取和组织文档中的数据,包括从标签、属性、子元素和属性值等方面入手。它还支持 HTML 重构技术,如 CSS 选择器和 JavaScript 操作,以及动态页面生成和 DOM 操作等。BeautifulSoup 的安装代码如下所示。

```
pip install bs4
```

安装 BeautifulSoup 库如图 2-9 所示。

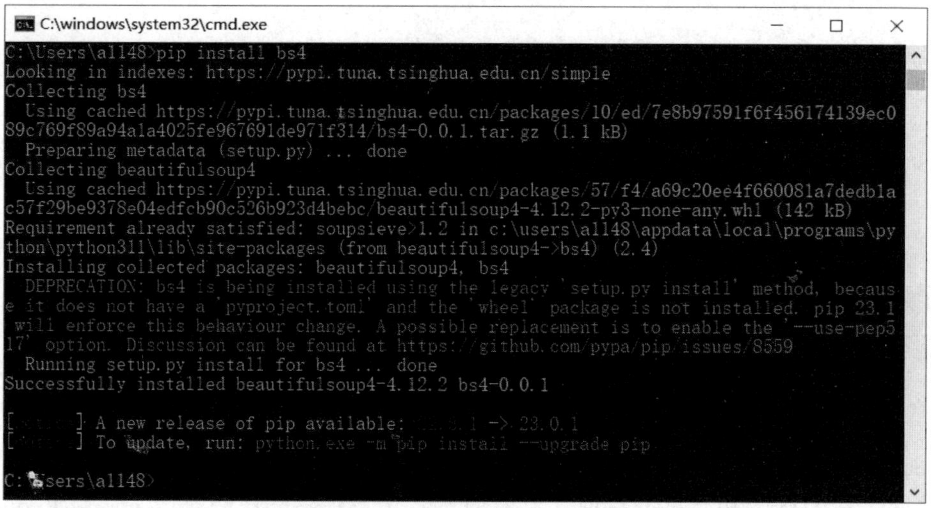

图 2-9 安装 BeautifulSoup 库

技能点 2　BeautifulSoup 引入使用方法

在 Python 中使用任何第三方库都需要在程序中进行引入操作，引入后方可使用库中提供的方法。BeautifulSoup 库引入方法代码如下所示。

import bs4

bs4.BeautifulSoup() 是 BeautifulSoup 库中的主要方法，用于解析 HTML 文档并返回一个 BeautifulSoup 对象。之后对 HTML 数据的解析都是基于 BeautifulSoup 对象实现的，bs4.BeautifulSoup() 方法语法如下所示。

bs4.BeautifulSoup(markup,parser)

bs4.BeautifulSoup() 参数说明如表 2-6 所示。

表 2-6　bs4.BeautifulSoup() 参数说明

参数	说明
markup	HTML 文档
parser	解析器

BeautifulSoup 库中包含了四个常用的解析器，使用对应解析器前需要安装对应的解析器库。BeautifulSoup 常用解析器如表 2-7 所示。

表 2-7　BeautifulSoup 常用解析器

解析器	语法	条件
bs4 的 HTML 解析器	BeautifulSoup(markup,"html.parser")	pip install bs4

续表

解析器	语法	条件
LXML 的 HTML 解析器	BeautifulSoup(markup,"lxml")	pip install lxml
LXML 的 XML 解析器	BeautifulSoup(markup,"xml")	pip install lxml
html5lib 的解析器	BeautifulSoup(markup,"html5lib")	pip install html5lib

使用 requests.get() 方法获取 "http://www.xtgov.net" 的网页信息，使用 bs4.BeautifulSoup() 方法和 HTML 解析器将网页信息解析为 BeautifulSoup 对象并输出，代码如下所示。

```
import requests
import bs4
# 使用 get 方法获取
html_string=requests.get("http://www.xtgov.net")
# 解析为 BeautifulSoup 对象
soup=bs4.BeautifulSoup(html_string.text,"html.parser")
print(soup)
```

将 HTML 解析为 BeautifulSoup 对象如图 2-10 所示。

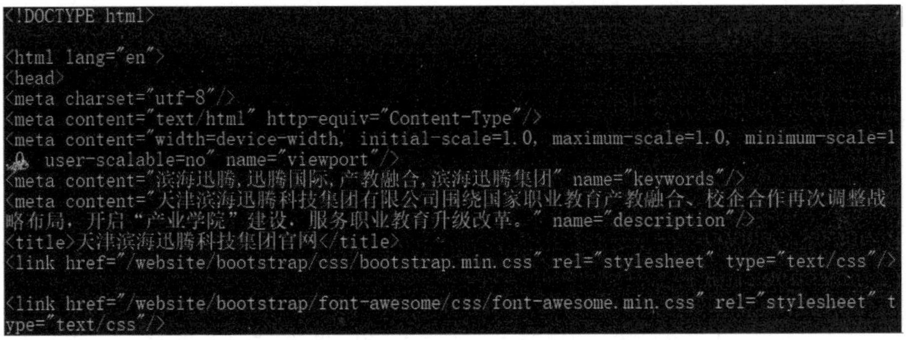

图 2-10　将 HTML 解析为 BeautifulSoup 对象

技能点 3　BeautifulSoup 选择器

BeautifulSoup 库中提供了多样化的选择器。选择器是 BeautifulSoup 中用于选择文档中特定元素或属性的 API。使用选择器可以从文档中选择特定的元素或属性，并将其提取出来。BeautifulSoup 包含的选择器如下。

（1）元素选择器

元素选择器能够通过 HTML 文档中的元素名称进行元素的选择，可以级联获取当前元素的子元素、子孙元素、父元素、兄弟元素等，然后获取元素中的信息。元素选择器支持嵌套，可以在标签名称后面继续加标签名称或相关属性进行选择。元素选择器语法格式如下所示。

```
BeautifulSoup.name.node.parameter
```

语法说明如下。
- BeautifulSoup：HTML 文本对象。
- name：元素名称，通过"."进行连接。
- node：获取关系节点。
- parameter：获取相关信息。

其中，node 参数可以使用的属性如表 2-8 所示。

表 2-8 node 参数可以使用的属性

属性	描述
contents	直接子节点
children	子孙节点
descendants	所有子孙节点
parent	节点的父节点
parents	节点的祖先节点
next_sibling	节点的下一个兄弟节点
previous_sibling	节点的上一个兄弟节点
next_siblings	节点后面的全部兄弟节点
previous_siblings	节点前面的全部兄弟节点

parameter 参数可以使用的属性如表 2-9 所示。

表 2-9 parameter 参数可以使用的属性

属性	描述
name	获取节点的名称
attrs[' 属性 ']	获取节点所有属性
string	获取节点内容

（2）方法选择器

使用元素选择器可以快速选择节点，但如果遇到复杂的节点，则灵活性较差。为了解决这个问题，BeautifulSoup 解析库提供了方法选择器。方法选择器通过传入相应的参数，可以灵活地进行节点查询。相比于元素选择器，方法选择器更加简单易用，并且具有更好的灵活性。BeautifulSoup 提供的查询方法如表 2-10 所示。

表 2-10 BeautifulSoup 提供的查询方法

方法选择器	描述
find()	返回第一个元素

续表

方法选择器	描述
find_all()	返回所有元素
find_parents()	返回所有祖先元素
find_parent()	返回直接父元素
find_next_sibling()	返回后面第一个兄弟元素
find_previous_sibling()	返回前面第一个兄弟元素
find_next_siblings()	返回后面的所有兄弟元素
find_previous_siblings()	返回前面的所有兄弟元素

1）find() 与 find_all()

find() 方法选择器是一种简单易用的选择器，用于在 HTML 文档或元数据中选择特定的元素。使用 find() 方法选择器，可以方便地查找具有特定标签、类名、ID 或属性的元素。find() 方法选择器只能返回第一个符合条件的元素，返回类型为元素的原始类型。

find_all() 方法选择器与 find() 方法选择器类似，区别在于 find_all() 方法选择器能够根据传入的属性或文本获得所有符合条件的元素并以列表类型返回。

find() 与 find_all() 方法选择器语法格式如下所示。

```
find(tag_name,attrs,recursive,string,**kwargs)
find_all(tag_name,attrs,recursive,string,limit,**kwargs)
```

find() 方法选择器参数说明如表 2-11 所示。

表 2-11　find() 方法选择器参数说明

方法	描述
tag_name	元素名称，如 p、div、title 等
attrs	元素属性，如 name、class 等
recursive	设置是否搜索节点的直接子元素
text	自定义文档中字符串内容的过滤条件
limit	定义返回结果条数
**kwargs	传入属性和对应的属性值，或者使用一些其他的表达式实现过滤条件定义

2）find_parent() 与 find_parents()

find_parent() 方法选择器用于获取指定元素的直接父元素并以原始元素类型返回。find_parents() 方法选择器用于获取指定元素的所有祖先元素并以列表形式返回。find_parent() 与 find_parents() 方法选择器的语法格式如下所示。

find_parent(tag_name,attrs,recursive,string,**kwargs)
find_parents(tag_name,attrs,recursive,string,**kwargs)

find_parent() 与 find_parents() 方法选择器的参数含义与 find() 方法选择器相同。

3）find_next_sibling() 与 find_previous_sibling()

find_next_sibling() 方法选择器用于获取指定元素后面第一个兄弟元素。find_previous_sibling() 方法选择器用于获取指定元素前面第一个兄弟元素。find_next_sibling() 与 find_previous_sibling() 方法选择器的语法格式如下所示。

find_next_sibling(tag_name,attrs,recursive,string,**kwargs)
find_previous_sibling(tag_name,attrs,recursive,string,**kwargs)

find_next_sibling() 与 find_previous_sibling() 方法选择器的参数含义与 find() 方法选择器相同。

4）find_next_siblings() 与 find_previous_siblings()

find_next_siblings() 方法选择器用于获取指定元素后面的所有兄弟元素并以列表的形式返回。find_previous_siblings() 方法选择器用于获取指定元素前面的所有兄弟元素并以列表形式返回。find_next_siblings() 与 find_previous_siblings() 方法选择器的语法格式如下所示。

find_next_siblings(tag_name,attrs,recursive,string,**kwargs)
find_previous_siblings(tag_name,attrs,recursive,string,**kwargs)

第一步：任务一中已经获取了页面的结构，将在任务一代码的 for 循环中获取的每一页的页面内容转换为 BS 对象，并分别获取新闻标题，即新闻内容所在的 td 元素、发布日期、发布年份，代码如下所示。

```
# 解析为 BS 对象
soup=BeautifulSoup(html.text,"lxml")
# 获取新闻标题即新闻内容所在的 td 元素
listtext=soup.find_all(attrs={'class':'v-top p-t-b-20'})
# 获取发布日期
listdate=soup.find_all(attrs={'class':'n-date'})
# 获取发布年份
listyear=soup.find_all(attrs={'class':'n-year'})
```

第二步：将获取到的数据保存到本地名为"newsBS.csv"的数据文件中，在"for i in range(51):"代码上方添加代码，设置文件名称、标题名称并写入标题名称，代码如下所示。

```
csvfile = open('newsBS.csv',mode='w',newline='',encoding="utf-8")
fieldnames = [' 新闻标题 ',' 新闻简介 ',' 发布时间 ']
write = csv.DictWriter(csvfile,fieldnames=fieldnames)
write.writeheader()
```

第三步：将数据写入"news.csv"文件，使用 for 循环遍历 listtext、listdate 和 listyear 三个列表，并将内容写入文件，代码如下所示。

```
for text,date,year in zip(listtext,listdate,listyear):
write.writerow({" 新闻标题 ":text.contents[1].a.text.strip()," 新闻简介 ":text.contents[3].a.text.strip()," 发布时间 ":year.text+"-"+date.text})
```

数据库入文件效果如图 2-11 所示。

图 2-11 数据存入文件效果

任务三　使用 LXML 解析器提取新闻数据

LXML 是一个高性能、可扩展的 XML 解析器，用于在 Python 中解析和操作 XML 文档，并通过元素定位获取数据，是 Python 生态系统中最受欢迎的 XML 解析器之一。本任务将使用 Requests 发起 HTTP 请求以获得 HTML 文档，使用 Xpath 进行数据的获取，并将获取的数据保存到 csv 文件中。

● 使用 Requests 库发起 HTTP 请求，获得 HTML 文档。
● 使用 LXML 库对 HTML 文档进行解析。
● 使用 Xpath 提取数据。
● 将数据保存到 csv 文件中。

技能点 1　认识 LXML 解析器

LXML 是一个基于 libxml2 的开源 XML 和 HTML 解析器，支持快速解析和强大的 DOM 操作，以快速、高效、灵活和易于使用等特点而闻名。它可以轻松地解析和操作 XML 文档，并提供了许多有用的函数和类，以处理 XML 和 HTML 文档。LXML 库安装代码如下所示。

```
pip install lxml
```

安装 LXML 库如图 2-12 所示。

```
C:\Users\a1148>pip install lxml
Looking in indexes: https://pypi.tuna.tsinghua.edu.cn/simple
Collecting lxml
  Using cached https://pypi.tuna.tsinghua.edu.cn/packages/9e/86/e1f135e123
344e32dd9bfcbf420dcc2566fa3894fda78b27f981e26c170d/lxml-4.9.2-cp311-cp311-
win_amd64.whl (3.8 MB)
Installing collected packages: lxml
Successfully installed lxml-4.9.2

[notice] A new release of pip available: 22.3.1 -> 23.0.1
[notice] To update, run: python.exe -m pip install --upgrade pip

C:\Users\a1148>
```

图 2-12　安装 LXML 库

XPath 是一种用于在 XML 和 HTML 文档中选择元素的语言，开发人员可使用 XPath 获取 XML 和 HTML 文档中的元素和属性。LXML 提供的 xpath() 函数可用来执行 XPath 查询，返回匹配选择的元素集合，也可使用 ElementTree 对象上的 xpath() 函数执行 XPath 查询，并返回匹配选择的元素集合。

技能点 2　XPath 文档格式解析

通过 XPath 解析 DOM 树时会使用 LXML 的 etree 模块。etree 模块可以很方便地从 HTML 源码中得到符合业务需求的内容，并提供了多种用于解析 XML、HTML 等的结构化文档，使其变为能够进行标签的定位和内容捕获的 Element 对象。etree 模块常用方法如表 2-12 所示。

表 2-12　etree 模块常用方法

方法	描述
HTML()	解析 HTML 文档类型
XML()	解析 XML 文档类型
parse()	解析文件类型
tostring()	将节点对象转化为 byres 类型

（1）HTML()

HTML() 方法使用 Python 的 HTML 解析器，能够将 HTML 文档转换为用 DOM 树表示的 Element 对象，从而帮助开发人员实现对文档的遍历、提取和修改，语法格式如下所示。

```
etree.HTML(text,parser=None,base_url=None)
```

HTML() 方法参数说明如表 2-13 所示。

表 2-13　HTML() 方法参数说明

参数	描述
text	HTML 文本
parser	解析器，参数值可选 XMLParser、XMLPullParser、HTMLParser、HTMLPullParser 等
base_url	文档的原始 URL

（2）XML()

XML() 函数是用于解析 XML 文档的常用方法，该函数可以接收一个 XML 字符串作为参数，并返回一个 etree 对象，语法格式如下所示。

```
etree.XML(text,parser=None,base_url=None)
```

（3）parse() 方法

parse() 方法会接收本地文件，读取文件包含的内容并对文档进行解析，最终生成 Element 对象，语法格式如下所示。

```
etree.parse(source,parser=None,base_url=None)
```

其中，source 表示文件路径，这个文件可以是 XML、HTML、txt 等格式。

（4）tostring()

tostring() 方法能够将 Element 对象转换为 byres 类型，即转换为人类可读的文本类型，语法格式如下所示。

```
etree.tostring(Element,pretty_print=True,encoding="utf-8")
```

tostring() 方法参数说明如表 2-14 所示。

表 2-14 tostring() 方法参数说明

参数	描述
Element	Element 对象
Pretty_print	格式化输出
encoding	编码格式

技能点 3　元素定位

将 HTML 文档转换为 DOM 树类型后,可通过 Xpath() 函数在 Element 对象中选择元素。Xpath() 函数使用 Xpath 表达式指定选择的元素,并以列表的形式返回结果,列表中每项均为 Element 对象。Xpath() 函数语法格式如下所示。

```
from lxml import etree
etree.xpath(path,namespaces=None,extensions=None,smart_strings=True)
```

Xpath() 函数参数说明如表 2-15 所示。

表 2-15　Xpath() 函数参数说明

参数	描述
path	路径表达式,可由表达式、运算符、函数和谓语组成
namespaces	名称空间
extensions	扩展
smart_strings	是否开启字符串的智能匹配

(1)路径表达式

etree.Xpath 中的路径表达式用于在 XML 和 HTML 文档中寻找符合表达式的指定元素,元素通过路径或步长选取。路径表达式如表 2-16 所示。

表 2-16　路径表达式

表达式	描述
Nodename	元素名称,表示选取当前元素的所有子元素
/	从根元素选取
//	从匹配选择的当前节点选择文档中的节点,不考虑它们的位置
.	选择当前节点
..	选取当前节点的父节点
@	选取属性
*	匹配任何元素

续表

表达式	描述
@*	匹配任何元素属性
node()	匹配任何类型的元素

当前有如下所示的 HTML 文档,以该文档为基础介绍上述路径表达式的使用方法。路径表达式使用说明如表 2-17 所示。

```
<div>
  <p>
    <h1 class="eng">Harry</h1>
    <b>30</b>
  </p>
  <p>
    <h1 class="eng">Learning</h1>
    <b>49.95</b>
  </p>
</div>
```

表 2-17　路径表达式使用说明

示例	说明
div	使用元素名称,表示选取 div 元素下的所有子元素
/div	选取根元素 div
div/p	选取 div 元素下的所有 p 元素
//p	选取文档中的所有 p 元素
div//p	选取属于 div 元素的后代所有 p 元素
//@class	选取名为 class 的所有属性
/div/*	选取 div 元素下的所有子元素
//*	选取文档中的所有元素

素养提升:坚持中国特色社会主义道路

成功从来没有捷径,它是不断挑战的过程。只有通过坚定的信念,在正确的道路上持之以恒地努力,才能在某个领域获得真正的成功。想要成功,必须接受挑战和困难,并且勇敢地面对它们。你需要有耐心和毅力,不断尝试、学习和成长,为建设中国特色社会主义道路做出贡献,坚持道不变、志不改,既不走封闭僵化的老路,也不走改旗易帜的邪路,坚持把国家和民族发展放在自己力量的基点上,坚持把中国发展进步的命运牢牢掌握在自己手中。

（2）运算符

Xpath 中的运算符主要用于在谓语中对符合要求的元素或元素值进行筛选或计算，需要根据业务需求进行使用。Xpath 中的运算符分为比较运算符、算术运算符、布尔运算符三类，如表 2-18 所示。

表 2-18　Xpath 中的运算符

类型	运算符	示例	说明
比较运算	=	b=2	判断 number 是否等于 2，若等于返回 True，否则返回 False
	!=	b!=2	判断 number 是否不等于 2，若等于返回 False，否则返回 True
	<	b<2	判断 number 是否小于 2，若小于返回 True，否则返回 False
	>	b>2	判断 number 是否大于 2，若大于返回 True，否则返回 False
	<=	b<=2	判断 number 是否小于等于 2，若小于等于返回 True，否则返回 False
	>=	b>=2	判断 number 是否大于等于 2，若大于等于返回 True，否则返回 False
算术运算	+	1+2	计算 1 加 2 的值
	-	2-1	计算 2 减 1 的值
	*	1*2	计算 1 乘 2 的值
	div	6div2	计算 6 除 2 的值
布尔运算	and	b>2 and b<6	当 number 的值同时满足大于 2 和小于 6 时返回 True，否则返回 False
	or	b<2 or b>6	当 number 的值小于 2 或大于 6 时返回 True，否则返回 False

（3）谓语

谓语用于查找某个特定元素或包含某个指定的值的元素，其被嵌在元素名称后的方括号中，可以为函数或运算符。谓语使用方法如表 2-19 所示。

表 2-19　谓语使用方法

谓语使用示例	说明
/div/p[1]	选取属于 div 元素的第一个 p 元素
/div/p[last()]	选取属于 div 元素的最后一个 p 元素
/div/p[last()-1]	选取属于 div 元素的倒数第二个 p 元素

谓语使用示例	说明
/div/p[position()<2]	选取属于 div 元素的前两个 p 元素
//h1/[@*]	选取所有包含任意属性的 h1 元素
//h1[@class]	选取全部拥有 class 属性的 h1 元素
//h1[@class='eng']	选取全部 h1 元素,且这些元素拥有值为 eng 的 class 属性

（4）Axes

Axes 可定义相对于当前元素的元素集,在 HTML 中,可根据元素之间的关系进行元素的获取。Xpath 中提供了相关的 Axes 来根据节点关系进行元素定位,使用 Axes 定位元素的语法如下所示。

Axes 名称 :: 路径表达式

常用的 Axes 如表 2-20 所示。

表 2-20 常用的 Axes

Axes 名称	说明
ancestor	选取当前元素的所有先辈元素（父元素、祖先元素等）
ancestor-or-self	选取当前节点的所有先辈元素（父元素、祖先元素等）以及当前元素本身
child	选取当前元素的所有子元素
descendant	选取当前元素的所有后代元素（子、孙等）
self	选取当前元素
descendant-or-self	选取当前元素的所有后代元素（子、孙等）以及当前元素本身
attribute	选取当前元素的所有属性
namespace	选取当前节点的所有命名空间元素
parent	选取当前元素的父元素
following	选取文档中当前元素的结束标签之后的所有元素
preceding-sibling	选取当前元素之前的所有同级元素
preceding	选取文档中当前元素的开始标签之前的所有元素

（5）从文档中提取数据示例

网络爬虫的最终目的是获取页面中的数据,并以指定格式进行输出或保存为数据文件。在获取文档中的数据时需要用到上述介绍的知识,包括文档解析、元素定位等。

当前有一个 HTML 文档,其是一个页面的导航栏,内容包括导航栏标题内容和对应的链接,现需要将导航栏中的数据与链接进行提取并打印到控制台,代码如下所示。

```python
from lxml import etree
HTML='''<div class="sidebar-content">
    <div class="sidebar-nav">
        <div class="sidebar-sys-title">
            实验辅导管理系统
        </div>
    </div>
    <div class="menus" class="sidebar-nav">
        <div class="sidebar-title">
            <a class="menu-a active" href="#/teacher/home">
                <span class="text-normal"> 首页 </span>
            </a>
        </div>
        <div class="sidebar-title">
            <a class="menu-a active" href="#/teacher/resource">
                <span class="text-normal"> 资源中心 </span>
            </a>

        </div>
        <div class="sidebar-title">
            <a class="menu-a active" href="#/teacher/Course">
                <span class="text-normal"> 课程中心 </span>
            </a>

        </div>
        <div class="sidebar-title">
            <a class="menu-a active" href="#/teacher/Data">
                <span class="text-normal"> 数据中心 </span>
            </a>
        </div>
    </div>
</div>'''
# 将 HTML 文档解析为 Element 对象
ElementText=etree.HTML(HTML)
# 获取 span 标签中的内容
```

```
text=ElementText.xpath("//span[@class='text-normal']/./text()")
# 获取 a 标签链接
href=ElementText.xpath("//a[@class='menu-a active']/@href")
for t,h in zip(text,href):
    print(t+","+h)
```

结果如图 2-13 所示。

图 2-13　从文档中提取数据

任务实施

第一步：打开命令行进入 Python 编程环境，引入 Requests、BeautifulSoup 和 csv 库。目标链接中的新闻页面共包含 51 页内容，根据对目标 URL 的分析，访问每页内容时需要替换 URL 中的"page=1"，即第一页为"page=1"，第二页为"page=2"，依此类推。访问时需要将 HTTP 请求放入循环，实现换页的效果，代码如下所示。

```
# 引入相关库
import requests
import csv
from lxml import etree
# 请求头
ua_header={"User-Agent":"Mozilla/5.0 (Windows NT 10.0; Win64; x64) AppleWebKit/537.36 (KHTML, like Gecko) Chrome/90.0.443 0.93 Safari/537.36"}
for i in range(51):
    # 使用 requests.request() 方法实现 url 请求,
    html=requests.request(method='GET', url="http://www.xtgov.net/news/1",params="page="+str(i),headers=ua_header)
    # 解析为 element 对象
    html = etree.HTML(html.text)
```

第二步：将页面代码结构转换为 Element 对象后，使用 Xpath 分别定位到行业动态标题、行业动态内容简介以及发布时间的内容，代码如下所示。

```
# 获取标题
listtitle=html.xpath('//td[@class="v-top p-t-b-20"]/div[1]/a/text()')
# 获取内容
listcontent=html.xpath('//td[@class="v-top p-t-b-20"]/div[2]/a/text()')
# 获取日期
listdate=html.xpath('//div[@class="n-date"]/text()')
# 获取年份
listyear=html.xpath('//div[@class="n-year"]/text()')
```

第三步：将获取到的数据保存到本地名为"'newsXpath.csv'"的数据文件中，在"for i in range(51):"代码上方添加代码，设置文件名称、标题名称并写入标题名称，代码如下所示。

```
csvfile = open('newsXpath.csv',mode='w',newline='',encoding="utf-8")
fieldnames = [' 新闻标题 ',' 新闻简介 ',' 发布时间 ']
write = csv.DictWriter(csvfile,fieldnames=fieldnames)
write.writeheader()
```

第四步：将数据写入"news.csv"文件，使用 for 循环遍历 listtext、listdate 和 listyear 三个列表，并将内容写入文件，代码如下所示。

```
# 输出结果本保存
for title,content,date,year in zip(listtitle,listcontent,listdate,listyear):
    write.writerow({" 新闻标题 ":title.strip()," 新闻简介 ":content.strip()," 发布时间 ":year.strip()+"-"+date.strip()})
```

数据存入文件效果如图 2-14 所示。

新闻标题	新闻简介	发布时间
集团与滨州科技职业学院举行互联	为进一步深化产教融合、科教融汇、产学协同，建设"以	2024/1/23
集团不断深化"一核三驱动"战略	科技是第一生产力、人才是第一资源、创新是第一动力。	2023/12/28
集团科协组织成立大会隆重召开	12月12日，天津滨海迅腾科技集团有限公司科协成立大会	2023/12/12
服务乡村振兴 建设示范引领项目	服务乡村振兴，深化产教融合，加快数字经济发展。12月5	2023/12/5
多部门协同｜集团高质量发展	大王庄街道党工委书记王虹带队来集团调研服务，天津市	2023/11/27
学大教育集团创始人兼CEO金鑫带队	11月24日，学大教育集团创始人兼CEO金鑫，学大职教集团	2023/11/24
大连市供销集团党委书记、董事长	11月20日，大连市供销社副主任、大连市供销集团党委书	2023/11/20
河东区税务局领导来集团开展惠企	11月17日，天津市河东区税务局党委委员、副局长吕恩军，	2023/11/17

图 2-14 数据存入文件效果

项目总结

通过对网站页面数据采集知识的学习，读者对 Python 中的网页数据采集库有了一定的了解，掌握了如何使用 Python 发起 HTTP 请求并获得 HTML 文档，掌握了使用 BeautifulSoup 和 LXML 解析文档以及提取网页中数据的方法。

Import	导入
Method	方法
Post	公布
Timeout	超时
Delete	删除
Auth	授权
URL	统一资源定位地址
Files	文件夹
Path	路径
Encoding	编码

1. 选择题

（1）HTTP（Hypertext Transfer Protocol），即（　　　）。
A. 超文本传输协议　　　　　　　　B. 传输控制协议
C. 文件传输协议　　　　　　　　　D. 控制协议

（2）客户端请求有语法错误，不能被服务器所理解的状态码为（　　　）。
A.500　　　　　B.401　　　　　C.400　　　　　D.304

（3）以下函数中能够指定请求方式的是（　　　）。
A.requests.request()　　　　　　　B.requests.get()
C.requests.head()　　　　　　　　D.requests.patch()

（4）BeautifulSoup 元素选择器中表示直接子节点的是（　　　）。
A.parents　　　B.parent　　　　C.children　　　D.contents

（5）BeautifulSoup 中包含（　　　）种解析页面获取数据的方法。
A. 一　　　　　B. 二　　　　　C. 三　　　　　D. 四

2. 简答题

（1）简述 HTTP 请求的四个步骤。
（2）简述 LXML 的特点。

项目三　基于 urllib 实现客户端数据采集

随着移动互联的迅速发展，我国 APP 应用产生了海量的数据，包括下载量、评论、页面信息、商品购买信息等。通过获取数据，可为数据分析提供支持，为 APP 运营的持续优化指明方向，使其达到同行业水平或者高于同行业水平。本项目通过讲解 urllib 库的使用方法，最终实现 APP 页面内容的获取。

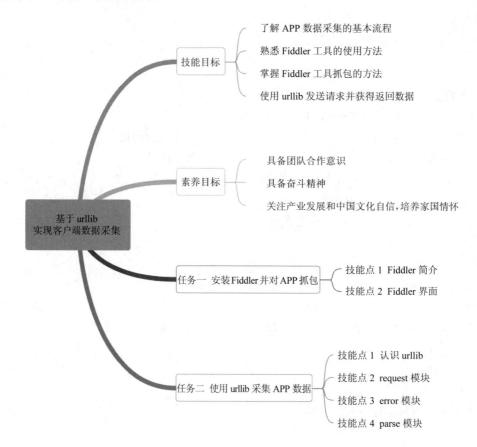

任务一　安装 Fiddler 并对 APP 抓包

Fiddler 是一款功能强大的网络调试工具,可以帮助开发人员和网络专业人士监控、分析和调试网络通信,尤其是调试与 HTTP 协议相关的通信。本任务将使用 Fiddler 抓取 APP 数据包,并获取音频文件地址和相关信息。
- 下载安装 Fiddler。
- 配置 Fiddler 代理。
- 移动端安装证书。
- 进行 APP 抓包。

技能点 1　Fiddler 简介

Fiddler 是一个 HTTP 协议调试代理工具,它能够记录并检查电脑和互联网之间的所有 HTTP 通信,设置断点,查看"进出"Fiddler 的所有数据(cookie、html、js、css 等文件)。Fiddler 比其他的网络调试器更加简单,因为它不仅暴露了 HTTP 通信还为用户提供了一个友好的格式。Fiddler 的工作过程如图 3-1 所示。

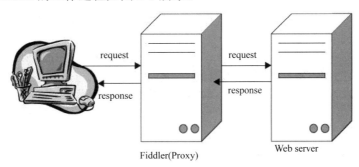

图 3-1　Fiddler 的工作过程

Fiddler 是用 C# 编写的，它包含一个简单却功能强大的基于 JScript .NET 的事件脚本子系统，它的灵活性非常强，可以支持众多的 HTTP 调试任务，并且能够使用 .net 框架语言进行扩展。

Fiddler 支持断点调试技术，能够暂停 HTTP 通信，并且允许修改请求和响应。这种功能对于安全测试是非常有用的，当然也可以用来做一般的功能测试，因为所有的代码路径都可以用来演习。除此之外，Fiddler 还具有如下功能。

● 实现 HTTP/HTTPS 流量的监听，并截获 HTTP/HTTPS 请求，这个请求可以是浏览器请求或客户端请求。
● 查看请求中的内容。
● 对请求进行伪造，主要用于前后端的调试。
● 网站性能测试。
● 对 HTTPS 进行解密。

技能点 2　　Fiddler 界面

Fiddler 的所有内容均在工具的主界面体现，主要包含菜单栏、工具栏、会话列表、功能面板、命令行与状态栏等功能区。Fiddler 界面如图 3-2 所示。

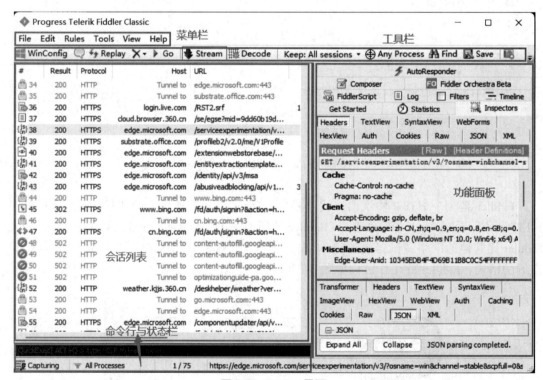

图 3-2　Fiddler 界面

（1）菜单栏

在 Fiddler 中，菜单栏用于对 Fiddler 进行设置，包含 File 菜单、Edit 菜单、Rules 菜单、

Tools 菜单、View 菜单等，具体菜单项如表 3-1 所示。

表 3-1 菜单项

名称	选项	描述
File	Capture Traffic	可以控制是否把 Fiddler 注册为系统代理
	New Viewer	打开一个新的 Fiddler 窗口
	Load Archive	用于重新加载之前捕获的以 SAZ 文件格式保存的数据包
	Recent Archives	查看最近捕获到的 SAZ 文件格式保存的流量
	Save	将数据包保存到文件中
	Import Sessions...	导入从其他工具捕获的数据包
	Export Sessions...	以多种文件格式保存 Fiddler 捕捉到的会话
	Exit	取消把 Fiddler 注册为系统代理，并关闭 Fiddler
Edit	Copy	复制会话
	Remove	删除会话
	Select All	选择所有会话
	Undelete	撤销删除会话
	Paste as Sessions	把剪贴板上的内容粘贴成一个或多个模拟的会话
	Mark	选择一种颜色标记选中会话
	Unlock for Editing	解锁会话
	Find Sessions...	打开 Find Session 窗口，搜索捕获到的数据包
Rules	Hide Image Requests	隐藏图片会话
	Hide CONNECTS	隐藏连接通道会话
	Automatic Breakpoints	自动在 [请求前] 或 [响应后] 设置断点
	Customize Rules...	打开 Fiddler 脚本编辑窗口
	Require Proxy Authentication	要求客户端安装证书
	Apply GZIP Encodings	只要请求包含具有 gzip 标识的 Accept-Encoding 请求头，就会对所有响应使用 GZIP HTTP 进行压缩
	Remove All Encoding	删除所有请求和响应的 HTTP 内容编码和传输编码
	Hide 304s	隐藏响应为 HTTP/304 Not Modified 状态的所有会话
	Request Japanese Content	选项会把所有请求的 Accept-Encoding 请求头设置或替换为 ja 标识，表示客户端希望响应以日语形式发送
	Automatically Authenticate	自动进行身份验证
	User-Agents	把所有请求的 User-Agent 请求头设置或替换成指定值
	performance	模拟弱网测试速度

续表

名称	选项	描述
Tools	Options...	打开 Fiddler 选项窗口
	WinINET Options...	打开 IE 的 Internet 属性窗口
	Clear WinINET Cache	清空 IE 和其他应用中所使用 WinINET 缓存中的所有文件
	Clear WinINET Cookies	清空 IE 和其他应用中所发送的 WinINET Cookie
	TextWizard...	启动 TextWizard 窗口，对文本进行编码和解码
	Compare Session	比较会话
	Reset Script	重置 Fiddler 脚本
	Sandbox	打开 http://webdbg.com/sandbox/
	View IE Cache	打开 IE 缓存窗口
	Win8 Loopback Exemptions	Win8 回环豁免工具
	New Session Clipboard	打开一个新的会话剪贴板，可以把侧边栏中的会话拖到这个剪贴板中具体查看
	HOSTS	主机重定向工具
View	Show Toolbar	控制 Fiddler 工具栏是否可见
	Default Layout	会话在左，请求和响应在右边的上下处
	Stacked Layout	会话在上，请求在下方
	Wide Layout	会话在上，请求和响应在下方的左右处
	Tabs	打开标签页面
	Statistics	查看一个请求的统计数据
	Inspectors	嗅探，用来查看会话的内容，上面是请求，下面是响应
	Composer	设计构造
	Minimize To Tray	最小化托盘
	Stay On Top	保持置顶
	Squish Session List	挤压会话框
	AutoScroll Session List	自动滚动会话列表
	Refresh	刷新功能

（2）工具栏

工具栏用于对 Fiddler 进行操作，如给选定的 Session 添加注释、查询、运行、移除内容等。工具栏常用选项说明如表 3-2 所示。

表 3-2 工具栏常用选项说明

名称	描述
WinConfig	Win8 回环豁免工具
	给选定的会话添加注释
Replay	请求重发
Remove	移除功能
Go	会话重新运行
Stream	流模式设置
Decode	解码
Keep All Sessions	会话个数设置
Any Process	用于设置捕获指定请求
Find	查询
Save	保持
	截图
	计时
Browser	查看响应数据
Clear Cache	清除 IE 缓存
TextWizard	文本的编码解码工具
Tearoff	分离面板
MSDN Search…	MSDN 查询
	在线帮助
Online	IP 地址显示
×	关闭工具栏

（3）会话列表

会话列表主要对捕获到的 HTTP/HTTPS 相关信息进行展示，如响应码、协议、Host 地址等。会话信息说明如表 3-3 所示。

表 3-3 会话信息说明

名称	描述
#	请求的 ID 编号
Result	HTTP 响应状态码
Protocol	请求使用的协议
Host	请求地址的域名
URL	请求的服务器路径和文件名

名称	描述
Body	请求的大小
Caching	请求的缓存过期时间或缓存控制 Header 的值
Content-Type	请求内容编码类型
Process	发起请求的本地 Windows 进程及进程 ID
Comments	注释
Custom	自定义备注

（4）功能面板

在 Fiddler 中,功能面板分为 Request 栏和 Response 栏两个部分。Request 栏用于对请求信息进行展示,包含 Inspector、AutoResponder、Composer、Fiddler Orchestra Beta、Fiddler Script、Log、Filters、Timeline、Statistic 等。其中 Inspector 是非常重要的一项,可以对会话的请求和响应信息进行查看。Inspector 包含项如表 3-4 所示。

表 3-4 Inspector 包含项

名称	描述
Headers	请求头信息
TextView	TextView 方式显示传送的请求体数据
SyntaxView	SyntaxView 方式显示传送的请求体数据
WebForms	表单方式显示传送的请求体数据
HexView	十六进制视图的方式显示传送的数据
Auth	显示请求中的身份认证信息
Cookies	显示该请求的 Cookies 信息
Raw	显示原生的请求体
JSON	JSON 显示请求
XML	XML 显示请求

Response 栏主要用于对响应信息进行展示。Response 栏包含项如表 3-5 所示。

表 3-5 Response 栏包含项

名称	描述
Transformer	响应体的字节数
Headers	响应头信息
TextView	TextView 方式显示响应体信息
SyntaxView	SyntaxView 方式显示响应体信息

续表

名称	描述
ImageView	显示图片的信息
HexView	十六进制方式显示响应体信息
WebView	网页方式显示响应体信息
Auth	显示身份认证信息
Caching	显示缓存信息
Cookies	显示 Cookies 信息
Raw	显示原生的响应体
JSON	JSON 显示响应
XML	XML 显示响应

（5）命令行与状态栏

除了可以使用鼠标操作 Fiddler 外，还可以通过在命令行中输入命令进行 Fiddler 的操作，如清除全部会话、选择会话等。Fiddler 常用命令如表 3-6 所示。

表 3-6　Fiddler 常用命令

命令	描述
help	打开官方提供的帮助页面
cls	清除全部会话
select	选择会话
?sometext	查找字符串并高亮显示查找到的会话
>size	选择请求响应大小大于 size 字节的会话
=status/=method/@host	根据状态、请求方法、IP 地址查看会话
quit	退出 Fiddler

而状态栏则用于对捕获状态、进程类型、断点设置状态等信息进行展示。状态栏项如表 3-7 所示。

表 3-7　状态栏项

名称	描述
	捕获状态是否开启
	当前显示会话的类型
	当前断点设置状态
1/335	当前选中会话的个数，其中 1 表示选中一个，335 表示全部会话个数

名称	描述
	描述当前状态。如果刚打开 Fiddler，会显示何时加载 CustomRules.js；如果选择一个会话，会显示该会话的 URL；如果在命令行输入一个命令，会显示命令相关信息

任务实施

第一步：打开浏览器，输入网站地址：https://www.telerik.com/fiddler，进入 Fiddler 官网，如图 3-3 所示。

图 3-3 Fiddler 官网

第二步：单击"TRY FOR FREE"下拉菜单并选择"Fiddler Classic"选项进入 Fiddler Classic 下载界面，如图 3-4 所示。

图 3-4　Fiddler Classic 下载界面

第三步：根据相关提示信息完成内容填写并勾选同意协议，单击"Download For Windows"按钮即可实现 Fiddler 下载。

第四步：双击下载好的软件安装包，单击"I Agree"→"Install"按钮即可安装 Fiddler 工具，效果如图 3-5 所示。

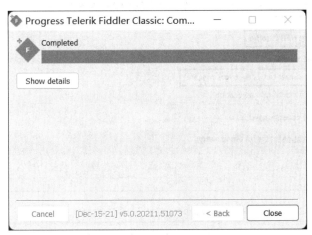

图 3-5　Fiddler 安装

第五步：打开刚刚安装完成的 Fiddler 软件，依次单击"Tools"→"Options"进入 Fiddler 配置界面，如图 3-6 所示。

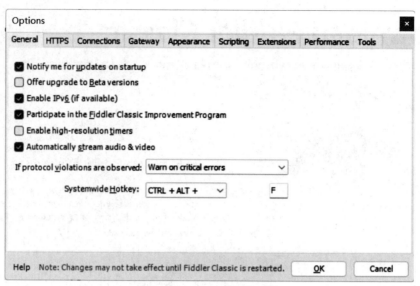

图 3-6　Fiddler 配置界面

第六步：切换到"HTTPS"选项卡，勾选"Decrypt HTTPS traffic"以及"Ignore server certificate errors"完成 HTTPS 请求截获设置，如图 3-7 所示。

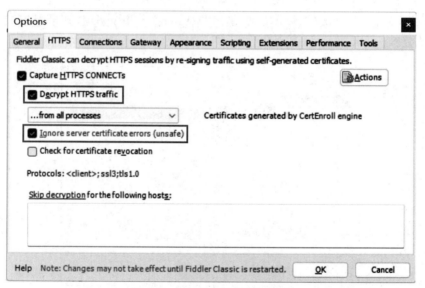

图 3-7　"HTTPS"选项卡设置

第七步：切换到"Connections"选项卡，设置端口号为 8888，并勾选"Allow remote computers to connect"，使其他机器能够把 HTTP/HTTPS 请求发送给 Fiddler，如图 3-8 所示。

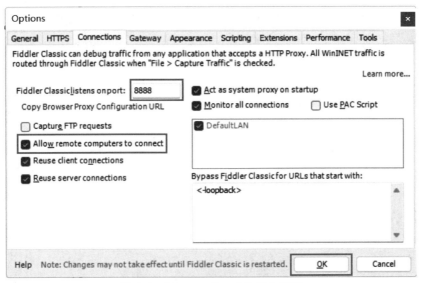

图 3-8 "Connections"选项卡设置

此时 Fiddler 设置完成，单击"OK"按钮完成配置，最后重新启动 Fiddler 以使配置生效。

第八步：按"Win+R"键后，输入"cmd"，打开命令窗口，使用 ipconfig 命令查看本机 IP 地址，效果如图 3-9 所示。

图 3-9 IP 地址查看

第九步：由于抓取的是手机 APP 数据，因此需要在同一局域网内进行手机网络的配置。进入手机 WiFi 修改界面，设置手动代理并进行主机 IP 和端口号的配置，如图 3-10 所示。

图 3-10 手机配置

第十步：打开手机浏览器，输入"192.168.0.172:8888"，单击"FiddlerRoot certificate"下载可信任证书，如图 3-11 所示。

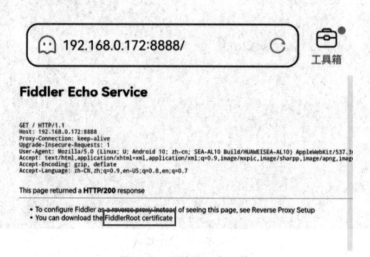

图 3-11 可信任证书下载

第十一步：单击可信任证书，输入证书名称，凭据用途选择"VPN 和应用"，单击"确定"按钮完成安装，如图 3-12 所示。

项目三　基于 urllib 实现客户端数据采集　　67

图 3-12　可信任证书安装

第十二步：配置完成后，即可使用当前手机打开需要爬取的 APP，这里使用的是酷狗音乐 APP，其页面结构如图 3-13 所示。

图 3-13　酷狗音乐 APP 页面结构

第十三步：找到需要抓取的信息后，Fiddler 的抓包工具页面中会获取当前 APP 请求网络的路径，单击路径后即可查看当前 APP 的相关信息，首先抓取的是音乐相关信息，包括演唱者、音乐名称等，如图 3-14 和图 3-15 所示。

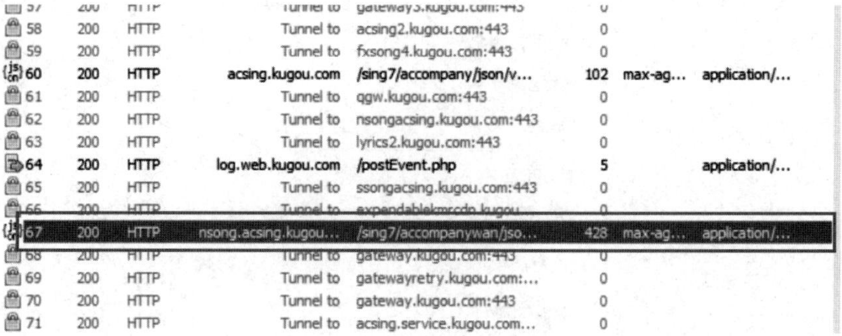

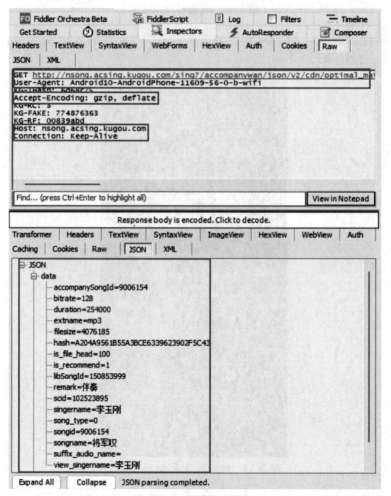

图 3-14 音乐信息网络路径

图 3-15 音乐相关信息

第十四步：抓取音频文件网络路径和音频文件相关信息，如图 3-16 和图 3-17 所示。

图 3-16 音频文件网络路径

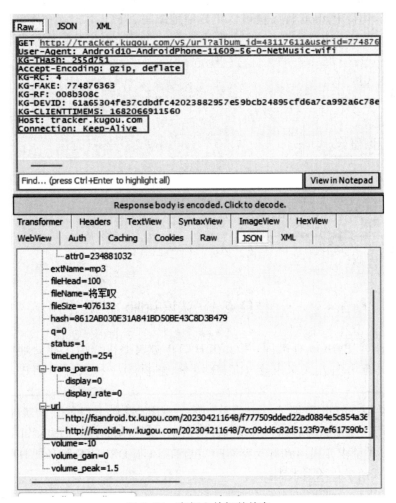

图 3-17 音频文件相关信息

任务二 使用 urllib 采集 APP 数据

urllib 用于发送 HTTP 请求并处理响应。urllib 库的主要作用是简化 HTTP 请求的发送和处理过程，使得 Python 程序员可以更方便地编写 HTTP 客户端程序。在本项目的任务一中已获得了音频的路径和信息路径，本任务将使用 urllib 发起请求获得音频的详细信息。

- 引入相关库。
- 设置请求头。
- 发起请求。
- 解析返回值。

技能点 1 认识 urllib

urllib 是一个 Python 标准库，用于在 HTTP 协议上执行请求和处理响应。它提供了一种简单而通用的方式来发送 HTTP 请求、解析响应和执行 HTTP 方法。其特点如下。

- 简单易用：urllib 提供了一组简单的函数，用于发送 HTTP 请求、解析响应和执行 HTTP 方法。用户无须了解 HTTP 协议的详细信息，就可以方便地使用 urllib。
- 支持多种请求方式：urllib 支持 GET、POST、PUT、DELETE 等多种 HTTP 请求方式，并且可以自定义请求体和请求头。
- 跨平台支持：urllib 可以在多种操作系统和计算机体系结构上运行，并且不需要安装额外的库。
- 兼容性好：urllib 兼容 Python 2.x 和 Python 3.x 两个版本。用户可以在 Python 2.x 和 Python 3.x 两个版本之间自由切换。

● 处理响应方便:urllib 提供了多种函数,用于获取响应的状态码、响应头和响应内容,用户可以直接对响应进行处理。

● 丰富的模块:urllib 内置了四个模块用于完成 URL 请求时的各项任务,包括 request、error、parse 以及 robotparser。

技能点 2　request 模块

request 模块提供了简单易用的接口用于发送 HTTP 请求、处理 HTTP 响应以及提取响应中的数据。该模块可以直接用于处理 HTTP 请求和响应,也可以作为第三方库被其他库调用,使用该模块前需要在 Python 文件顶部引入,语法格式如下所示。

```
from urllib import request
```

request 模块中常用函数如表 3-8 所示。

表 3-8　request 模块常用函数

类型	方法	说明
发送 HTTP 请求	urlopen()	打开新的 HTTP 响应
	request()	向 HTTP 发送指定请求
	urlretrieve()	将响应文件保存到本地
处理 HTTP 响应	read()	获取数据
	readline()	按行获取数据
	readlines()	获取数据,并以行列表形式返回
	getcode()	获取状态码
	geturl()	获取 url 路径
	getheaders()	获取 HTTP 请求头信息

(1)urlopen()

urllib.request.urlopen() 函数用于打开一个 URL 并接收其响应。该方法返回 urllib.request.HTTPResponse 对象,该对象代表 HTTP 响应。urllib.request.urlopen() 函数语法格式如下所示。

```
urllib.request.urlopen(url,data,timeout)
```

urllib.request.urlopen() 函数参数说明如表 3-9 所示。

表 3-9　urllib.request.urlopen() 函数参数说明

参数	描述
url	目标网站的 URL

续表

参数	描述
data	设置请求数据，数据默认为 None 时，使用 GET 方法发送请求；设置请求数据后，使用 POST 方法发送请求
timeout	用来指定请求的等待时间，若超过指定时间还没获得响应，则抛出一个异常

（2）request()

urllib.request.request() 函数是 urllib.request 模块中用于发送 HTTP 请求的内置函数。它返回一个 Response 对象，并在定义时能够指定请求方式、请求头等信息。urllib.request.request() 函数语法格式如下所示。

urllib.request.request(url,data,headers,origin_req_host,unverifiable,method)

urllib.request.request() 函数参数说明如表 3-10 所示。

表 3-10　urllib.request.request() 函数参数说明

参数	描述
url	目标网站的 URL
data	设置请求数据
headers	请求头
origin_req_host	请求方的 host 名称或者 IP 地址
unverifiable	请求方的请求无法验证
method	请求方式设置，可选值如下： ● GET：获取； ● POST：提交； ● HEAD：获取头部信息； ● PUT：提交信息，原信息被覆盖； ● DELETE：提交删除请求

（3）urlretrieve()

urllib.request.urlretrieve() 函数能够将指定路径下的文件下载到本地计算机，包括图片、音视频、文本等内容。urllib.request.urlretrieve 函数语法格式如下所示。

urllib.request.urlretrieve(url,filename,reporthook,data)

urllib.request.urlretrieve() 函数参数说明如表 3-11 所示。

表 3-11　urllib.request.urlretrieve() 函数参数说明

参数	描述
url	文件路径

续表

参数	描述
filename	文件名称
reporthook	文件访问的超时时间,单位为秒
data	文件访问时携带的数据

(4) read()、readline()、readlines()

read()、readline() 和 readlines() 三个函数常用于处理 HTTP 请求响应中的数据,详细说明如下所示。

● response.read():可读取响应中任意长度的数据并以字符串的形式返回,若响应数据过长则只读取指定长度的数据并将其余数据丢弃。

● response.readline():可以从 HTTP 响应中读取一行数据并将其存储在内存中。

● response.readlines():可以按行读取文本,并返回一个列表,列表中的每一项均对应文本中的行,行与行之间使用换行符进行分隔。

read()、readline() 和 readlines() 三个函数的语法格式如下所示。

```
response.read(n)
response.readline(n)
response.readlines(n)
```

其中,参数 n 表示要获取的字符的长度,response 表示获取到的 HTML 文本对象。

(5) getcode()、geturl()、getheaders()

getcode()、geturl() 和 getheaders() 三个函数分别用于获取 HTTP 请求中的状态码、URL 路径以及 HTTP 请求头信息,详细说明如下所示。

● response.getcode():能够获取 HTTP 响应的状态码,其中 200 表示成功。如果 HTTP 响应的状态码不是 200,则函数将返回状态码对应的错误代码。

● response.geturl():返回一个字符串,表示 HTTP 响应的 URL。如果 HTTP 响应没有指定 URL,则该函数将返回空字符串。

● response.getheaders():用于获取 HTTP 请求的请求头信息,并以列表的形式返回。

getcode()、geturl() 和 getheaders() 三个函数的语法格式如下所示。

```
response.getcode()
response.geturl()
response.getheaders()
```

response 表示获取到的 HTML 文本对象。

技能点 3　error 模块

error 模块是 urllib 标准库中用于处理 HTTP 错误信息的模块。它提供了一些方法用于捕获和处理 HTTP 错误,例如 404 Not Found、500 Server Error 等。目前,error 模块包含了两个常用函数,如表 3-12 所示。

表 3-12 error 模块包含的两个常用函数

函数	描述
URLError	网络地址异常
HTTPError	HTTP 错误异常

(1) URLError

URLError 函数是 urllib.error 模块中的错误类,其提供了多个与 URL 相关的异常,代表访问 URL 时发生的错误。通过该类能够获取发生错误的 URL 连接和错误的原因。URLError 属性说明如表 3-13 所示。

表 3-13 URLError 属性说明

属性	说明
reason	获取错误原因
url	获取发生错误的 URL
code	获取状态码
headers	获取导致错误的 HTTP 请求的请求头

URLError 函数语法如下所示。

```
from urllib import error
try:
    ......
except error.URLError as e:
    # 获取错误原因
print(e.reason)
# 获取发生错误的 URL
print(e.url)
# 获取状态码 )
print(e.code)
# 获取导致错误的 HTTP 请求的请求头 )
    print(e.headers)
    ......
```

(2) HTTPError

HTTPError 函数是 urllib.error 模块中的错误类,表示发生了一个 HTTP 错误,其包含的属性与 URLError 函数一致,使用方法也基本相同,语法如下所示。

```
from urllib import error
try:
    ......
except error.HTTPError as e:
    e.reason
    e.code
    e.headers
    ......
else:
    ......
```

素养提升：知错能改，善莫大焉

Urllib 库提供了两个错误类。通过这两个错误类我们能够明确获得在发送请求时所产生的错误，并根据错误的返回类型进行改正。

知错就改其实是一种人生态度，古语有云"知错能改，善莫大焉"，犯错并不可怕，可怕的是没有改正错误的勇气。每个人都会犯错，但不能在同一个地方跌倒两次，正视错误，勇于面对，才能不断进步。

技能点 4 parse 模块

parse 模块是 urllib 库中用于解析 URL 的模块，如 URL 转码和 URL 解析的功能，并提供了便捷的方法进行这两种操作。parse 模块中的转码与解析函数如表 3-14 所示。

表 3-14 parse 模块中的转码与解析函数

函数	说明
urlparse()	URL 的解析
urljoin()	URL 的拼接
quote()	编码
unquote()	解码

（1）urlparse()

urlparse 函数用于解析 URL。它接受一个 URL 字符串作为输入，并将其解析为一个 ParseResult 对象。ParseResult 对象包含协议、域名、路径、参数、查询条件以及锚点六个部分，并以元组的格式返回，语法格式如下所示。

```
from urllib import parse
ParseResult=parse.urlparse(urlstring,scheme='',allow_fragments=True)
```

urlparse() 函数参数说明如表 3-15 所示

表 3-15　urlparse() 函数参数说明

参数	描述
url	URL 地址
scheme	默认协议
allow_fragments	是否忽略锚点

在解析操作完成后,返回结果为 ParseResult 对象。该对象包含的六个属性分别用于获取解析后的不同部分,使用方法如下所示。

```
ParseResult.attribute
```

ParseResult 对象包含的属性如表 3-16 所示。

表 3-16　ParseResult 对象包含的属性

字段	描述
scheme	协议
netloc	域名
path	路径
params	参数
query	查询条件
fragment	锚点

(2) urljoin()

urljoin() 函数用于将两个 URL 字符串连接成一个新的 URL。连接时会使用第一个参数补齐第二个参数的缺失部分,当两个参数均为完整路径时,则以第二个为主,语法如下所示。

```
from urllib import parse
parse.urljoin(url1,url2)
```

(3) quote()、unquote()

quote() 和 unquote() 方法是 URL 中常用的一对功能相反的工具方法。quote() 方法用于将 URL 路径中包含的中文字符进行编码,以便安全传输。而 unquote() 方法则将编码后的 URL 路径进行解码,语法格式如下所示。

```
from urllib import parse
parse.quote(url)
parse.unquote(url)
```

第一步:引入 urllib 和 json 库,将使用 Fiddler 软件抓取的歌曲地址以及请求头信息添加到程序中,代码如下所示。

```
# 引入 Requests 库
from urllib import request
import json
# 定义请求头
headers = {
        # 将 Fiddler 右上方的内容填在 headers 中
        "Accept-Charset": "UTF-8",
        "User-Agent": "Android10-AndroidPhone-11 609-56-0-NetMusic-wifi",
        "Connection": "Keep-Alive",
        "Host": "tracker.kugou.com"
}
heros_url =
"http://tracker.kugou.com/v5/url?album_id=43 117 611&userid=774 876 363&area_code=1&module=&hash=8612ab030e31a841bd50be43c8d3b479&appid=1005&ssa_flag=is_fromtrack&version=11 609&open_time=20 230 421&vipType=0&ptype=0&token=80c437b5184a00562884c52a0637c84ed104eae86fb08c441291952c6905f967&page_id=641 187 264&auth=db6cb68d4fe7075d753c488e97aec110&mtype=0&quality=128&album_audio_id=305 186 901&behavior=play&pid=2&signature=034cd06f9673c66b5c293d87b42e2f87&module_id=10&clienttime=1 682 066 911&cmd=26&uuid=d07b9f8b5d275432f48994b9ba21c89e&ppage_id=463 467 626,661 004 247&mid=6895149053154580057 634 128 612 587 766 883&dfid=2T8yhS0a72ao1tyICZ1EPHUG&clientver=11 609&pidversion=3001&key=e5901e0c979a7ce778d2e59d25e20abf"
```

第二步:使用 urllib 库发送 HTTP 请求,将返回的对象编码格式转换为 utf-8,将其转为 json 的时候,打印 json 中的"fileName"和"url",代码如下所示。

```
res = request.Request(url=heros_url, headers=headers)
response = request.urlopen(res)
strlist=response.read().decode('utf-8')
b=json.loads(strlist)
print(b['fileName'],b["url"])
```

结果如图 3-18 所示。

图 3-18　歌曲名和链接

第三步：引入 urllib 和 json 库，将使用 Fiddler 软件抓取的歌曲作者信息及请求头信息添加到程序中，代码如下所示。

```
from urllib import request
import json
# 定义请求头
headers = {
    # 将 Fiddler 右上方的内容填在 headers 中
    "Accept-Charset": "UTF-8",
    "User-Agent": "Android10-AndroidPhone-11 609-56-0-b-wifi",
    "Connection": "Keep-Alive",
    "Host": "nsong.acsing.kugou.com"
}

heros_url = "http://nsong.acsing.kugou.com/sing7/accompanywan/
json/v2/cdn/optimal_matching_accompany_2_listen.do?fileName=%E6%9D%
8E%E7%8E%89%E5%88%9A+-+%E5%B0%86%E5%86%9B%E5%8F%B9&hash
=8612ab030e31a841bd50be43c8d3b479&mixId=305 186 901&platform=
android&sign=9dcb4da861b1d68e&source=%E6%9C%AA%E7%9F%A5%
E6%9D%A5%E6%BA%90&version=11 609"
```

第四步：使用 urllib 库发送 HTTP 请求，将返回的对象编码格式转换为 utf-8，将其转为 json 的时候，打印全部 json 内容，代码如下所示。

```
res = request.Request(url=heros_url, headers=headers)
response = request.urlopen(res)
strlist=response.read().decode('utf-8')
b=json.loads(strlist)
print(b)
```

结果如图 3-19 所示。

图 3-19　歌曲作者信息

通过对 APP 数据采集的学习，读者对 Fiddler 工具有了一定的了解，并掌握了使用 Fiddler 抓包的方法、使用 urllib 进行 HTTP 请求的方法，以及 urllib 各模块中函数的使用方法。

Fiddler	http 协议调试代理工具
Rreadlines	重新排列
Response	回答
Unverifiable	无法核实的
Proxy	代理
Code	代码
Rules	规则
Quote	引用
Undelete	取消删除
Online	在线的

1. 选择题

（1）下列方法中用于按行获取数据的是（　　）。

A.write　　　　　　B.readline()　　　　　　C.read()　　　　　　D.geturl

（2）下列方法中用于打开新 HTTP 响应的是（　　）。
A.open()　　　　　B.openurl()　　　　　C.request()　　　　　D.urlopen()
（3）error 模块中的 URLError 函数属性中表示获取状态码的是（　　）
A.code　　　　　　B.state　　　　　　　C.url　　　　　　　　D.headers
（4）parse 模块中用于 URL 拼接的函数是（　　）。
A.quote()　　　　　B.urlparse()　　　　　C.urljoin()　　　　　D.unquote()
（5）Fiddler 会话列表中表示请求的缓存过期时间或缓存控制 Header 的值的是（　　）。
A.Body　　　　　　B.Custom　　　　　　C.Caching　　　　　　D.Comments

2. 简答题

（1）简述 Fiddler 工具的功能。

（2）简述 urllib 中包含哪些模块，模块中包含哪些方法。

项目四　基于 Requests-HTML 实现动态数据采集

项目导言

　　Requests-HTML 库旨在使解析 HTML（例如抓取 Web 页面）尽可能简单和直观，同时还完全支持 JavaScript 代码，更重要的是可以模拟用户代理（类似于真正的 Web 浏览器）。

　　为了加快页面加载速度与减轻服务器负担，多数网站使用 Ajax 技术来动态渲染数据，从而使得爬虫开发者也需要了解 Ajax 技术并熟悉分析网站中 Ajax 请求地址的方法。本项目通过对 Requests-HTML 库的讲解，最终实现使用 Requests-HTML 库获取网站页面静态和动态数据。

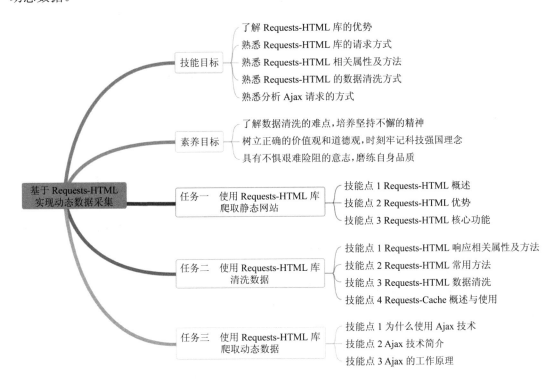

任务一　使用 Requests-HTML 库爬取静态网站

Requests-HTML 库是 Requests 库的升级版,并整合了爬虫开发中经常使用的功能,例如解析 HTML、加载 JavaScript、发起请求等。本任务主要对 Requests-HTML 概述、Requests-HTML 优势以及 Requests-HTML 核心功能进行讲解,并通过以下步骤实现使用 Requests-HTML 库爬取静态网站。

- 对目标页面进行分析。
- 利用 Requests-HTML 库发起请求。
- 将得到的数据进行保存。

技能点 1　Requests-HTML 概述

（1）Requests-HTML 简介

Requests 是 Python 中的一个基于 HTTP 协议的请求静态网页内容的库,也可以用于静态网页爬虫。市面上的网页大部分是加载之后通过 JS 代码动态渲染的,通过 Requests 请求不能达到想要的效果。Requests 的作者 Kenneth Reitz 开发的 Requests-HTML 库基于现有的 Requests、LXML、BeautifulSoup4 等库进行了二次封装。Requests-HTML 库除了包含 Requests 的所有功能之外,还新增了数据清洗和 Ajax 数据动态渲染,其中数据清洗是由 LXML 模块实现的。数据清洗和 Ajax 数据动态渲染分别支持 XPath 选择器和 CSS 选择器定位,通过它们可以精准地提取网页里的数据,使得爬虫更简单。

（2）Requests-HTML 安装

Requests-HTML 的安装可通过 pip 指令完成,在 cmd 窗口输入安装指令"pip install requests-html",等待安装完成即可,如图 4-1 所示。

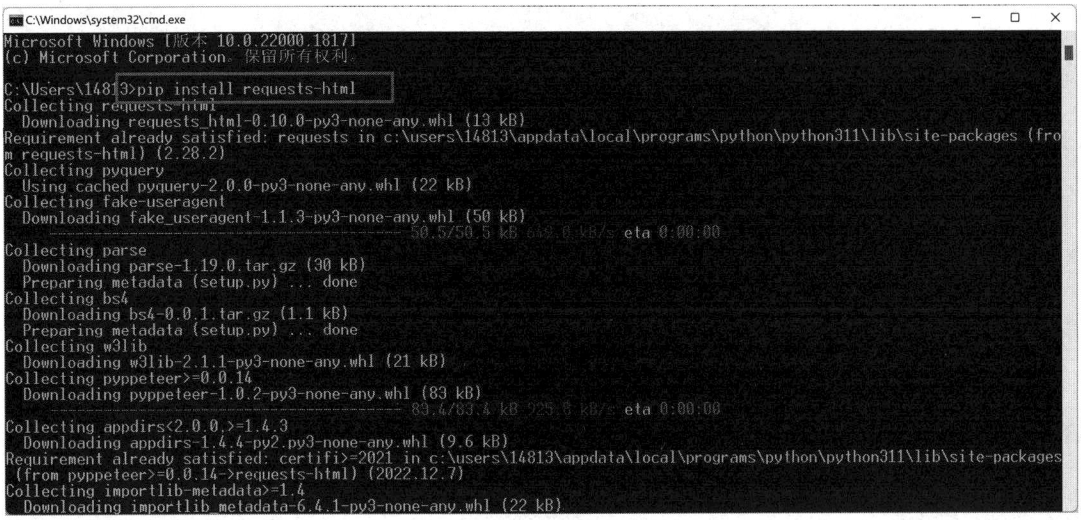

图 4-1 安装 Requests-HTML

安装完成后，在 cmd 窗口进入 Python 交互模式，通过导入 Requests-HTML 模块并输出模块里的属性 DEFAULT_URL 的属性值来验证 Requests-HTML 模块是否安装成功，如图 4-2 所示。

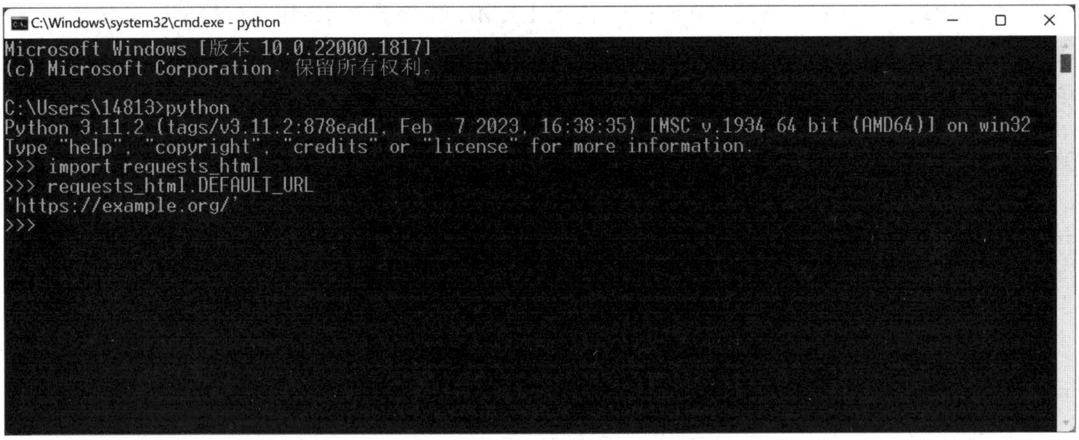

图 4-2 检查 Requests-HTML 是否安装成功

技能点 2　Requests-HTML 优势

（1）全面支持解析 JavaScript

在使用 Requests、urllib 等爬虫包爬虫时，需要先通过 Requests 包获取响应，再利用 PyQuery 或者 bs4、Xpath 整理并提取需要的目标数据。而 Requests-HTML 可以全面支持解析 JavaScript。

使用 Requests 和 bs4 获取并解析网页的代码如下所示。

```
from bs4 import BeautifulSoup
import requests
# 获取网页
PAGE = requests.get("www.jd.com")
# 解析网页
SOUP = BeautifulSoup(PAGE.text, 'html.parser')

print(SOUP.prettify())
```

使用 Requests-HTML 获取并解析网页的代码如下所示。

```
from requests_html import HTMLSession

# 获取请求对象
session = HTMLSession()
jd = session.get('https://jd.com')
print(jd.html.links)
```

拓展：PyQuery 库是一个强大灵活的网页解析库，类似 jQuery 的 Python 库，它能够在 XML 文档中进行 jQuery 查询。PyQuery 使用 LXML 解析器在 XML 和 HTML 文档上快速操作，提供了与 jQuery 类似的语法来解析 HTML 文档，支持 CSS 选择器，使用非常方便。在使用过程中通过 pip 指令进行安装，命令如下所示。

```
pip install pyquery
```

安装好后，在程序里面就可以引用了，引用方法如下所示。

```
from pyquery import PyQuery as pq
```

（2）支持 CSS 选择器和 XPath 选择器

Requests-HTML 支持通过 CSS 选择器和 XPath 选择器两种语法选取 HTML 元素，即使用 HTML 的 find () 方法来查找元素，获取 Element 对象内的相关内容。使用 CSS 选择器并通过 find() 方法查找元素的示例代码如下所示。

```
# 获取响应数据对象
obj = session.get(url)

# 通过 CSS 选择器选取一个 Element 对象
# 获取 id 为 content-left 的 div 标签，标签返回一个对象
content = obj.html.find('div#content-left', first=True)
```

在获取页面中通过 search 语句查找文本，{} 大括号相当于按正则表达式的从前到后匹配的方式获取想要的数据，示例代码如下所示。

```
text = obj.html.search(' 把 {} 夹 ')[0]  # 获取从 " 把 " 到 " 夹 " 字的所有内容
text = obj.html.search(' 把粿事 {} 夹 ')[0]  # 获取从把子到夹字的所有内容
print(text)
```

使用 Xpath 获取只包含某些文本的 Element 对象,示例代码如下所示。

```
# 获取包含后来文本的内容
title = obj.html.find('div', containing=' 后来 ')
print(title[0].text)
```

(3)自定义 User-Agent

有些网站使用 User-Agent 识别客户端类型,因此有时候需要伪造 User-Agent 来实现某些操作。如果查看文档的话会发现 HTMLSession 上的很多请求方法都有一个额外的参数 **kwargs,这个参数是用来向底层的请求传递额外参数的。示例代码如下。

```
from requests_html import HTMLSession
# pprint 可以把数据打印得更整齐
from pprint import pprint
import json
get_url = 'http://httpbin.org/get'


session = HTMLSession()
# 返回的是当前系统的 headers 信息
res = session.get(get_url)
pprint(json.loads(res.html.html))

# 可以在发送请求的时候更换 User-Agent
ua = 'Mozilla/5.0 (Windows NT 10.0; Win64; x64; rv:62.0) Gecko/20 100 101 Firefox/62.0'
post_url = 'http://httpbin.org/get'
res = session.get(post_url, headers={'user-agent': ua})
pprint(json.loads(res.html.html))
```

运行代码,会发现产生的效果是一样的,如图 4-3 所示。

```
'headers': {'Accept': '*/*',
            'Accept-Encoding': 'gzip, deflate',
            'Host': 'httpbin.org',
            'User-Agent': 'Mozilla/5.0 (Macintosh; Intel Mac OS X 10_12_6) '
                          'AppleWebKit/603.3.8 (KHTML, like Gecko) '
                          'Version/10.1.2 Safari/603.3.8',
            'X-Amzn-Trace-Id': 'Root=1-645349d2-0be71c740836d43c15451b42'},
'origin': '117.12.135.237',
'url': 'http://httpbin.org/get'}
{'args': {},
'headers': {'Accept': '*/*',
            'Accept-Encoding': 'gzip, deflate',
            'Host': 'httpbin.org',
            'User-Agent': 'Mozilla/5.0 (Windows NT 10.0; Win64; x64; rv:62.0) '
                          'Gecko/20100101 Firefox/62.0',
            'X-Amzn-Trace-Id': 'Root=1-645349f3-2532e44e253637a6492f0f01'},
'origin': '117.12.135.237',
'url': 'http://httpbin.org/get'}
```

图 4-3　查看请求头

技能点 3　Requests-HTML 核心功能

（1）Requests-HTML 发起请求

Requests-HTML 向网站发送请求的方法来自 Requests 模块，但是 Requests-HTML 只能使用 Requests 的 Session 模式。该模式的作用是将请求会话持久化，使请求保持连接状态。

Session 模式好比打电话时，只要双方都没有挂断电话，就会一直保持会话（连接）状态。Session 模式对 HTTP 的 GET 和 POST 请求也是通过 get() 和 post() 方法实现的，示例代码如下所示。

```
from requests_html import HTMLSession
# 定义会话 Session
session = HTMLSession()
url = 'https://movie.douban.com'
# 发送 GET 请求
r = session.get(url)
# 发送 POST 请求
r = session.post(url, data={})
# 输出网页的 URL 地址
print(r.html)
```

代码运行的结果如图 4-4 所示。

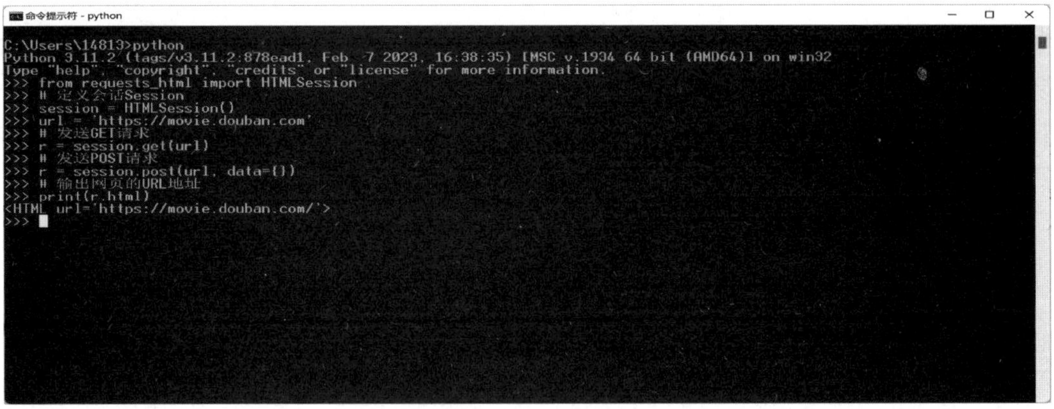

图 4-4 Requests-HTML 发起请求

Requests-HTML 在请求过程中还做了优化处理，如果没有设置请求头，则 Requests-HTML 默认使用源码里所定义的请求头以及编码格式。在 Python 的安装目录下打开 Requests-HTML 的源码文件（\Lib\site-packages\requests_html.py），其中定义了属性 DEFAULT_ENCODING 和 DEFAULT_USER_AGENT，分别对应编码格式和 HTTP 的请求头。源码代码如下所示。

```
DEFAULT_ENCODING = 'utf-8'
DEFAULT_USER_AGENT='Mozilla/5.0 (Macintosh; Intel Mac OS X 10_12_6)
AppleWebKit/603.3.8 (KHTML, like Gecko) Version/10.1.2 Safari/603.3.8'
DEFAULT_NEXT_SYMBOL = ['next', 'more', 'older']
```

（2）Requests-HTML 渲染 JavaScript

Requests-HTML 库的一个重要功能是内置 JavaScript 渲染。以往需要使用其他库获取源码的页面，现在可不再额外使用其他库。

在 Requests-HTML 中主要使用 render() 方法实现 JavaScript 渲染。在初次使用 render() 方法时会自动下载 Chromium 浏览器。Requests-HTML 模块在 HTML 对象的基础上使用 render() 方法重新加载 JS 页面。Yender() 方法常用参数如表 4-1 所示。

表 4-1　render() 方法常用参数

参数	描述
script(str)	执行的 JS 代码 语法：response.html.render(script='JS 代码字符串格式 ')
sleep(int)	在页面初次渲染之后的等待时间
wait(float)	加载页面的等待时间（秒），防止超时（可选）
retries(int)	加载页面失败的次数
timeout(int or float)	页面加载时间上限
keep_page(bool)	如果为真，则允许用 r.html.page 访问页面
reload(bool)	如果为假，那么页面不会从浏览器中加载，而是从内存中加载

续表

参数	描述
scrolldown(int)	滑动滑块，与 sleep 联用表示多久滑动一次 语法：response.html.render(scrolldown= 页面向下滚动的次数)

第一步：分析页面，得知包含所有图片的列表为类名为 Left_bar 的 div 标签，如图 4-5 所示。图片详情页在"<li>"下的"a"的"herf"中，如图 4-6 所示。高清图片在"ing"的"pic-large"中，如图 4-7 所示。

图 4-5　首页列表标签类名

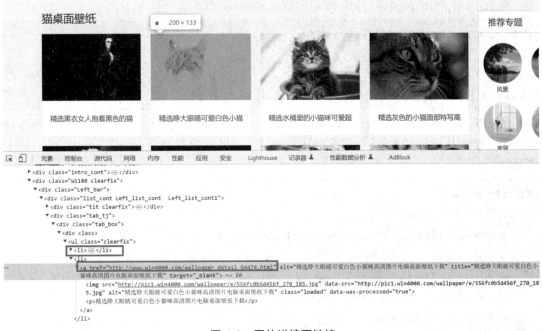

图 4-6　图片详情页链接

图 4-7　详情页中的高清图片地址

第二步：导入 Requests-HTML 库后实例化 Session，代码如下所示。

```
from requests_html import HTMLSession
# 实例化 Session
session = HTMLSession()
```

第三步：创建一个名为 get_cat_list() 的方法，使用 session.get() 方法向网站发起请求，使用 find() 方法从返回的数据中筛选出图片列表，并将其保存在 content 变量中，代码如下所示。

```
def get_cat_list():
    # 返回一个 response 对象
    response = session.get('http://www.win4000.com/zt/mao.html')
    # 使用 render 函数模拟浏览器加载 JavaScript 渲染页面
    response.html.render(sleep=1, keep_page=True)
    # 页面渲染完成后开始获取图片列表标签
    content = response.html.find('div.Left_bar', first=True)
```

第四步：筛选出每一个具体的 li 元素，代码如下所示。

```
# 获取图片列表中每一个 li 元素
li_list = content.find('li')
```

第五步：筛选出每一个具体的 li 元素之后，开启循环。在循环中获取 li 元素中的详情页链接，将详情页链接传给下一个方法进行处理，代码如下所示。

```
for li in li_list:
    # 提取出图片详情页链接并保存
    url = li.find('a', first=True).attrs['href']
    # 将详情页链接传给详情页处理函数
    get_cat_detail(url)
```

第六步：创建一个名为 get_cat_detail 的方法，用于处理得到的详情页链接中的数据，利用详情页链接获取详情页的 response 对象，代码如下所示。

```
# 解析图片详情页
def get_cat_detail(url):
    # 返回一个 response 对象
    response = session.get(url)
```

第七步：在得到详情页的 response 对象后，筛选出详情页中的高清图片所在的标签，代码如下所示。

```
# 使用 render 函数模拟浏览器加载 JavaScript 渲染页面
response.html.render(sleep=1, keep_page=True)
# 页面渲染完成后开始获取图片详情页中的高清图片所在标签
content = response.html.find('div.pic-meinv', first=True)
# 获取高清图片的标签
li_list = content.find('img.pic-large')
```

第八步：开启循环，在循环语句中筛选出高清图片标签中的高清图片链接，并将链接传给保存图片函数，代码如下所示。

```
for li in li_list:
    # 获取标签中图片的链接
    img_url = li.find('img', first=True).attrs['src']
    print(img_url)
    # 将链接传给保存图片函数
    save_image(img_url)
```

第九步：创建一个名为 save_image 的方法，用于接收高清图片链接，并模拟请求头将得到的图片链接使用 open 函数保存到本地，代码如下所示。

```
# 将图片保存至本地
def save_image(img_url):
    # 模拟请求头
    header = {
        'User-Agent': 'Mozilla/5.0 (Windows NT 10.0; Win64; x64) AppleWebKit/537.36 (KHTML, like Gecko) Chrome/107.0.0.0 Safari/537.36'
    }
    response = requests.get(img_url, headers=header)
    save_path = img_url.split('/')[-1]    # 图片保存路径
    with open(save_path, 'wb') as f:    # 以二进制写入文件保存
        f.write(response.content)
```

第十步：编写入口函数，调用 get_cat_list 方法保存前 20 张图片至本地，代码如下所示。

```
if __name__ == '__main__':
    get_cat_list()
```

代码运行效果如图 4-8 所示。

图 4-8　保存至本地的图片

任务二 使用 Requests-HTML 库清洗数据

Requests-HTML 库发起请求后得到的是一个 Request-HTML 响应对象。Request-HTML 响应对象中有非常重要的属性与方法，例如获取特定元素的文本、通过 Xpath 或 Css Selector 获取数据以及筛选满足特定条件的数据等。本任务主要对 Requests-HTML 响应相关属性及方法、Requests-HTML 常用方法、Requests-HTML 的数据清洗以及 Requests-Cache 缓存的使用进行讲解，并通过以下步骤实现使用 Requests-HTML 库对爬取后的数据进行清洗。

● 对目标页面进行分析。
● 利用 Requests-HTML 库发起请求。
● 将得到的数据进行清洗。

技能点 1 Requests-HTML 响应相关属性及方法

Requests-HTML 通过 get() 或者 post() 发送请求之后，可以通过响应得到与网页相关的内容，并可以通过内置的解析库对数据进行解析。HTML 对象常用属性如表 4-2 所示。

表 4-2 HTML 对象常用属性

属性	描述
links	以列表形式提取、返回响应源码中的所有 URL 链接
absolute_links	返回页面所有链接的绝对地址
base_url	页面的基准 URL
html	以 HTML 格式输入页面

属性	描述
raw_html	输出未解析过的网页
text	提取页面所有文本

HTML 对象常用方法如表 4-3 所示。

表 4-3　HTML 对象常用方法

方法	描述
find()	提供一个 CSS 选择器，返回一个元素列表
xpath()	提供一个 Xpath 表达式，返回一个元素列表
search()	根据传入的模板参数，查找 Element 对象，按 {} 位置搜索匹配第一个数据
search_all()	根据传入的模板参数，查找 Element 对象，按 {} 位置搜索匹配全部数据

Requests-HTML 响应相关属性及方法示例代码如下所示。

```
from requests_html import HTMLSession
# 定义会话 Session
session = HTMLSession()
url = 'https://movie.douban.com'
# 发送 GET 请求
r = session.get(url)
# 输出网页的 URL 地址
print(r.html)
# 输出网页的全部 URL 地址
print(r.html.links)
# 输出网页精准的 URL 地址
print(r.html.absolute_links)
# 输出网页的 HTML 信息
print(r.text)
# 输出网页的全部文本信息，即去除 HTML 代码
print(r.html.text)
```

代码运行部分效果如图 4-9 所示。

```
<li>
    <a href="//mobile.jd.com/" target="_blank" rel="noopener noreferrer">
        京东通信
    </a>
</li>
<li>
    <a href="//smart.jd.com/" target="_blank" rel="noopener noreferrer">
        京鱼座智能
    </a>
</li>
</ul>
</div>
<div class="mod_help_cover">
    <h5 class="mod_help_cover_tit">京东自营覆盖区县</h5>
    <div class="mod_help_cover_con">
        <p class="mod_help_info">
        京东已向全国2661个区县提供自营配送服务,支持货到付款、POS机刷卡和售后上门服务。
        </p>
        <p class="mod_help_cover_more">
        <a href="//help.jd.com/user/issue/103-983.html" target="_blank" rel="noopener noreferrer">
```

图 4-9　Requests-HTML 响应相关属性及方法测试

技能点 2　Requests-HTML 常用方法

page() 方法与浏览器交互。在使用 render() 方法加载页面 JavaScript 之后,可以使用 page() 方法在浏览器中进行交互操作。paee() 方法键盘和鼠标相关常用参数如表 4-4、表 4-5 所示。

表 4-4　page() 方法键盘相关常用参数

参数	描述
keyboard.down(' 键盘名称 ')	按下键后不弹起
keyboard.up(' 键盘名称 ')	抬起按键
keyboard.press(' 键盘名称 ')	按下键后弹起
keyboard.type(' 输入字符串内容 ', {'delay':100})	delay 为每个字输入后的延迟时间,单位为毫秒

表 4-5　page() 方法鼠标相关常用参数

参数	描述
click('css 选择器 ',{ 'button':'left', 'clickCount':1,'delay':0})	button 为鼠标的按键 left、right、middle clickCount: 点击次数 , 默认次数为 1 delay: 点击延迟时间 , 单位为毫秒
mouse.click(x, y,{ 'button':'left', 'clickCount':1,'delay':0})	x,y: muber 数据类型 , 代表点击对象的坐标
mouse.down()	点下鼠标后不抬起
mouse.up()	抬起鼠标

技能点 3　Requests-HTML 数据清洗

Requests-HTML 不仅优化了请求过程,还提供了数据清洗的功能。而 Requests 模块只提供请求方法,并不提供数据清洗功能。这也体现了数据清洗功能是 Requests-HTML 的一大优点。用 Requests 开发的爬虫工具,数据清洗功能需要调用其他模块实现,而 Requests-HTML 则将两者结合在一起。

Requests-HTML 提供了各种各样的数据清洗方法,比如网页里的 URL 地址、HTML 源码内容、文本信息等,具体方法如表 4-6 所示。

表 4-6　Requests-HTML 数据清洗方法

方法	描述
*	通用元素选择器,匹配任何元素
E	标签选择器,匹配所有使用 E 标签的元素
.info	class 选择器,匹配所有 class 属性中包含 info 的元素
#footer	ID 选择器,匹配所有 ID 属性等于 footer 的元素
E.F	多元素选择器,同时匹配所有 E 元素或 F 元素,E 和 F 之间用逗号分隔
EF	后代选择器,匹配所有属于 E 元素后代的 F 元素,E 和 F 之间用空格分隔
E>F	F 元素选择器,匹配所有 E 元素的子元素 F
E+F	毗邻元素选择器,匹配紧随 E 元素之后的同级元素 F (只匹配第一个)
E~F	同级元素选择器,匹配所有在 E 元素之后的同级 F 元素
E(att='val']	属性 att 的值为 val 的 E 元素 (区分大小写)
E(att^='val']	属性 att 的值以 val 开头的 E 元素 (区分大小写)
E(att&='val']	属性 att 的值以 val 结尾的 E 元素 (区分大小写)
E(att*='val']	属性 att 的值包含 val 的 E 元素 (区分大小写)
E[att1='v1'][att2*='v2']	属性 att1 的值为 v1,att2 的值包含 v2 的 E 元素 (区分大小写)
E:contains('xxxx')	内容中包含 xxxx 的 E 元素
E:not(s)	匹配不符合当前选择器的任何元素

通过 CSS Selector 定位 li 标签的示例代码如下所示。

```
from requests_html import HTMLSession
# 定义会话
session = HTMLSession()
url = "https://movie.douban.com/"
# 发送 get 请求
r = session.get(url)
```

```
# 通过 CSS Selector 定位 li 标签
print(r.html.find("li.title>a",first=True).html)
print(r.html.find("li.title",first=True).html)
print(r.html.find("li.title",first=True).text)
print(r.html.find("li.title",first=True).attrs)
```

运行代码,效果如图 4-10 所示。

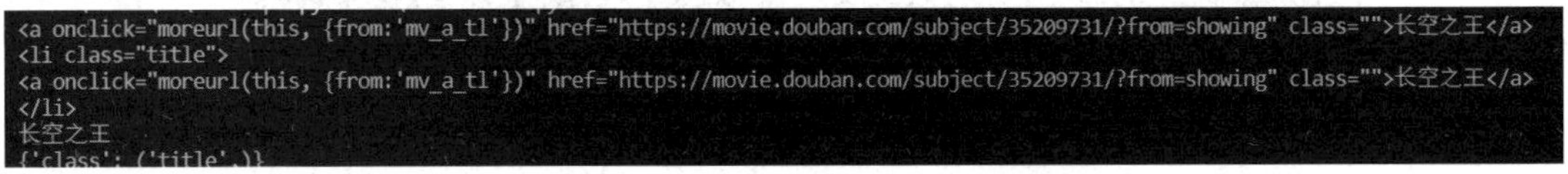

图 4-10 CSS Selector 定位 li 标签

素养提升:不惧困难,迎难而上

数据杂乱是大部分爬虫开发中常见的问题。在处理杂乱的数据的过程中,需要检查需求数据、清理不需要的数据以及处理丢失缺少的值。这个过程非常复杂,会遇到各种各样的问题,当遇到问题的时候,要学习前辈们迎难而上的精神,方法总比困难多,只要善于思考,积极面对和处理问题,就一定会得到最优的爬虫数据。

技能点 4　Requests-Cache 概述与使用

Requests-Cache 非常重要,它可以减少网络资源重复请求的次数,不仅减少了本地的网络负载,而且减少了爬虫对网站服务器的请求次数,它也是解决反爬虫机制的一个重要手段。安装 Requests-Cache 可以通过 pip 指令完成,在 cmd 窗口中输入 "pip install requests-cache" 指令并按回车键,随后等待安装完成即可,如图 4-11 所示。

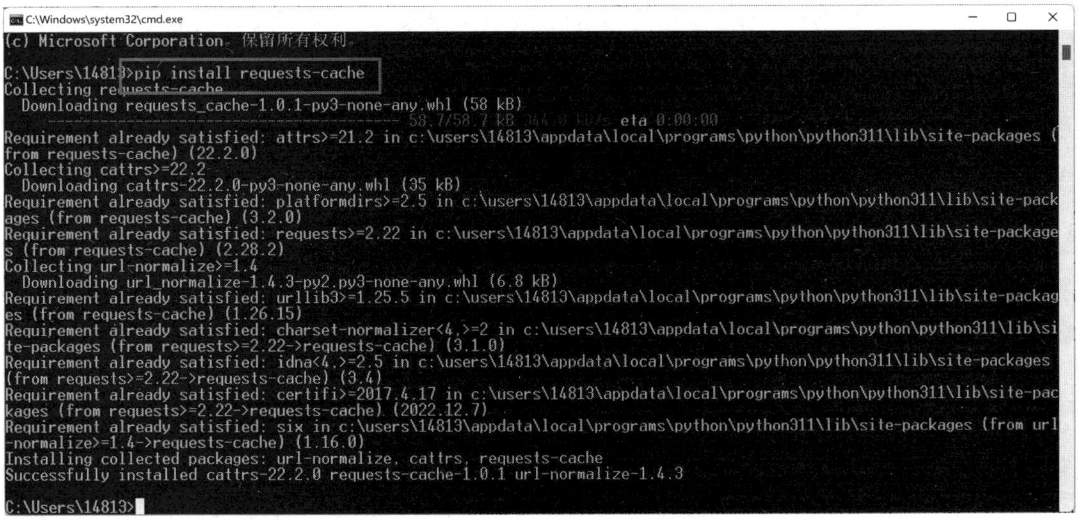

图 4-11　安装 Requests-Cache 库

安装成功后进入 Python 交互模式,进一步验证 Requests-Cache 是否安装成功,如图 4-12 所示。

```
C:\Users\14813>python
Python 3.11.2 (tags/v3.11.2:878ead1, F
Type "help", "copyright", "credits" or
>>> import requests_cache
>>> requests_cache.__version__
'1.0.1'
>>>
```

图 4-12 验证 Requests-Cache 库是否安装成功

Requests-Cache 遵循 Requests 的使用规则,其功能强大并使用简单,整个缓存机制由 install_cache() 方法实现,其定义如下所示。

```
requests_cache.install_cache(
    cache_name='cache',
    backend=None,
    expire_after=None,
    allowable_codes=(200,),
    allowable_methods=('GET',),
    filter_fn=<function <lambda> at 0x11c927f80>,
    session_factory=<class 'requests_cache.core.CachedSession'>,
    **backend_options,
)
```

install_cache() 方法定义了多个函数参数,参数说明如表 4-7 所示。

表 4-7 install_cache() 方法参数说明

参数	说明
cache_name	默认值为 cache,对缓存的存储文件进行命名
backend	设置缓存的存储机制,默认值为 None,即默认 sqlite 数据库存储
expire_after	设置缓存的有效时间,默认值为 None,即永久有效
allowable_codes	设置 HTTP 的状态码,默认值为 200
allowable_methods	设置请求方式,默认值是只允许 GET 请求生成缓存
session_factory	设置缓存的执行对象,由 CachedSession 类实现,该类是由 Requests-Cache 定义的
**backend_options	设置存储配置,若缓存的存储选择 sqlite、redis 或 MongoDB 数据库,则该参数用于设置数据库的连接方式

在实际应用中,install_cache() 可以直接使用,无须设置任何参数,因为 Requests-Cache 已对相关参数设置了默认值,这些默认值基本能满足日常开发需求。

一般的反爬虫措施是在多次请求之间增加随机的间隔时间,即设置一定的延时。但如果请求后存在缓存,就可以不用设置延时,这样可以在一定程度上缩短爬虫程序的时间。使用 Requests-Cache 设置缓存的示例代码如下所示。

```python
import requests_cache
import requests
requests_cache.install_cache() # 设置缓存
requests_cache.clear() # 清空缓存
url = 'http://httpbin.org/get'
res = requests.get(url)
print(f'cache exists: {res.from_cache}')

res = requests.get(url)
print(f'exists cache: {res.from_cache}')
```

运行代码,会发现第一个输出 false 不存在缓存,第二次输出 true 存在缓存。

第一步:在浏览器中打开豆瓣电影首页,使用开发者工具分析网页信息,提取电影名的网页元素信息,如图 4-13 所示。

图 4-13　电影名与评分的元素信息

第二步：从图 4-13 中可以发现，电影名在标签〈li class="title"〉里，评分在标签〈li class="rating"〉里，随后对爬取的数据进行清洗，代码如下所示。

```
from requests_html import HTMLSession
# 定义会话 Session
session = HTMLSession()
url = 'https://movie.douban.com'
# 发送 GET 请求
r = session.get(url)

# 通过 CSS Selector 定位 li 标签，".title"代表 class 属性
# first=True 代表获取第一个元素
print(r.html.find('li.title', first=True).text)
# 输出当前标签的属性值
print(r.html.find('li.title', first=True).attrs)
```

运行结果如图 4-14 所示。

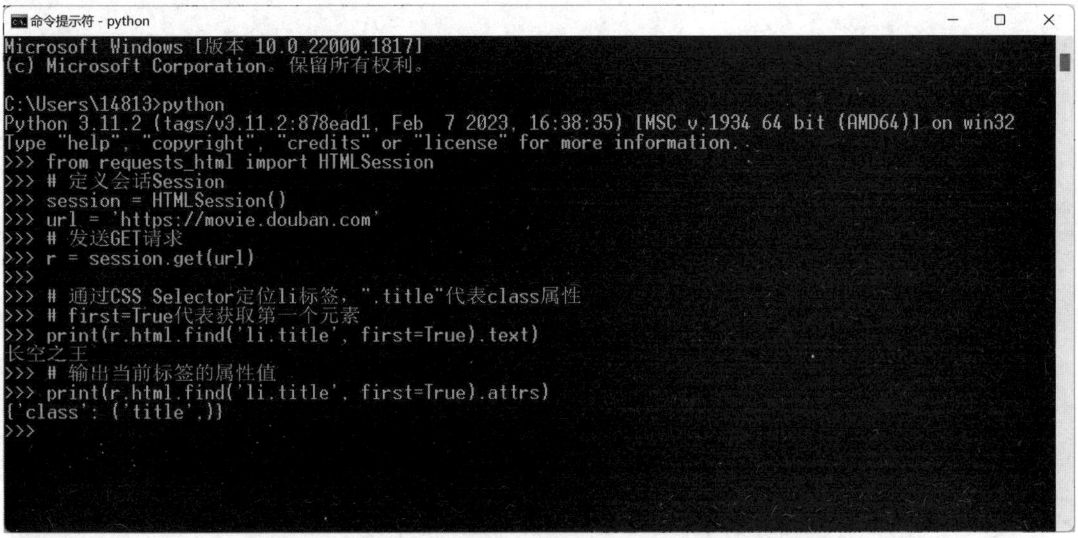

图 4-14 通过 CSS Selector 筛选出的文本及标签属性值

第三步：使用 containing 属性筛选出含有"爱"字的电影名，代码如下所示。

```
# 查找特定文本的元素
# 如果元素所在的 HTML 里含有 containing 的属性值即可提取
for name in r.html.find('li', containing=' 爱 '):
    # 输出电影名
    print(name.text)
```

运行结果如图 4-15 所示。

项目四 基于 Requests-HTML 实现动态数据采集

图 4-15 通过 containing 属性模糊查找

第四步：使用循环语句输出所有电影名以及电影名所在标签的属性值，代码如下所示。

# 查找全部电影名
for name in r.html.find('li.title'):
    # 输出电影名
    print(name.text)
    # 输出电影名所在标签的属性值
    print(name.attrs)

运行结果如图 4-16 所示。

图 4-16 筛选所有 li 标签类名为 title 的电影名

第五步：使用 xpath() 方法，通过 Xpath 路径筛选出所有电影名的文本内容，代码如下所示。

```
# 通过 XPath Selector 定位 ul 标签
x = r.html.xpath('//*[@id="screening"]/div[2]/ul')
for name in x:
    print(name.text)
```

运行结果如图 4-17 所示。

图 4-17　通过 xpath() 方法筛选 Xpath 路径对应的文本内容

第六步：使用 search() 方法，筛选出文本中含有"马力欧"的电影，代码如下所示。

```
# search() 通过关键字查找内容
print(r.html.search(' 马力欧 {}{}'))
```

运行结果如图 4-18 所示。

图 4-18　通过 search() 方法筛选出包含"马力欧"的内容

第七步：通过 search_all() 方法筛选整个网页中符合要求的内容，代码如下所示。

# search_all() 通过关键字查找整个网页符合的内容
print(r.html.search_all(' 马力欧 {}{}'))

运行结果如图 4-19 所示。

图 4-19　通过 search_all() 方法筛选整个页面中符合要求的内容

任务三　使用 Requests-HTML 库爬取动态数据

任务描述

Ajax 技术通过先加载页面结构，然后分批次发起请求获取数据来减轻对服务器的负担，并加快页面加载速度。所以在通过爬虫爬取使用了 Ajax 技术的页面时需要分析 Ajax 请求的地址与规则。本任务主要对 Ajax 技术概述以及如何分析 Ajax 请求地址并总结规则进行讲解，并通过以下步骤实现使用 Requests-HTML 库爬取动态数据。

● 对目标页面 Ajax 请求地址进行分析。
● 总结 Ajax 请求地址的规则并使用 Requests-HTML 模拟 Ajax 请求。
● 将得到的数据进行筛选并输出。

技能点 1　为什么使用 Ajax 技术

　　Ajax 技术通过 JavaScript 发送请求到服务器,并获得返回结果,从而可以在必要的时候只更新页面的一小部分,而不用刷新整个页面,这称为"无刷新"技术。搜狐首页的登录功能就使用了 Ajax 技术,如图 4-20 所示。输入登录信息单击"登录"按钮后,只刷新登录区域的内容。由于首页上信息很多,这样就避免了重复加载和浪费网络资源。这是"无刷新"技术的第一个优势。

图 4-20　搜狐首页使用 Ajax 刷新局部页面

　　在观看视频的时候,可以在页面上单击其他按钮执行操作,由于是局部刷新,页面上其他内容不会刷新,视频也会继续播放,不受影响,这体现了"无刷新"技术的第二个优势:提供连续的用户体验,不因页面刷新而中断。

技能点 2　Ajax 技术简介

　　Ajax 是 Asynchronous JavaScript And Xml 首字母的缩写,如图 4-21 所示。Ajax 并不是一种全新的技术,而是整合了 JavaScript、XML 和 CSS 几种现有的技术,其中最主要的是 JavaScript。通过 JavaScript 的 XMLHttpRequest 对象可完成发送请求到服务器并获得返回结果的任务,然后使用 JavaScript 更新局部网页。Asynchronous(异步)指的是 JavaScript 脚本发送请求后并不是一直等着服务器响应,而是继续做别的事,请求响应的处理是异步完成的。XML 一般用于请求数据和响应数据的封装，CSS 用于美化页面样式。

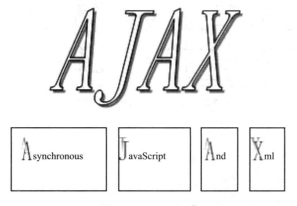

图 4-21　Ajax 组成

随着 Ajax 的使用越来越广泛，以至于大部分网页的原始 HTML 文档几乎不包含任何数据，数据大都是通过 Ajax 统一加载后再呈现出来的，其目的是在 Web 开发上可以做到前后端分离，同时减小服务器直接渲染页面带来的压力。

对于使用 Ajax 加载数据的页面，直接使用 Requests 等库来抓取原始页面，是无法获取有效数据的，这时需要分析网页后台接口发送的 Ajax 请求。如果用 Requests 来模拟 Ajax 请求，就可以成功抓取数据了。

技能点 3　Ajax 的工作原理

Ajax 的工作原理是在用户和服务器之间加了一个中间层（Ajax 引擎），使用户操作与服务器响应异步化。并不是所有的用户请求都提交给服务器，像一些数据验证和数据处理等都由 Ajax 引擎自己做，只有确定需要从服务器读取新数据时才由 Ajax 引擎代为向服务器提交请求。

在 Ajax 出现之前，客户端与服务端之间直接通信。引入 Ajax 之后，客户端与服务端加了一个第三者——Ajax。有了 Ajax 之后，当后台与服务器进行少量数据交换时，可以在不刷新整个页面的情况下实现局部刷新。传统 Web 应用程序模型和 Ajax Web 应用程序模型如图 4-22 和图 4-23 所示。

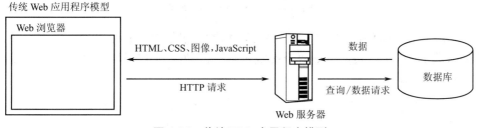

图 4-22　传统 Web 应用程序模型

Ajax Web 应用程序模型

图 4-23 Ajax Web 应用程序模型

第一步：在浏览器中打开豆瓣电影分类排行榜首页，选择戏剧分类后，在开发者工具中查看 Fetch/XHR 请求，分析得出 Ajax 请求的地址中变化的为 start 参数，数值规则为当前页数乘 20，如图 4-24 所示。

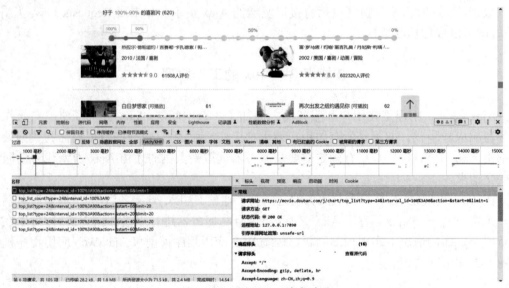

图 4-24 分析 Ajax 请求地址

第二步：创建 baseUrl 变量，用于保存地址不会变动的部分，pageSize 变量用于控制分页参数 start，将 baseUrl 与 pageSize 两个参数进行拼接，发起 GET 请求，并设置循环获取前 5 页，代码如下所示。

```
from requests_html import HTMLSession
# 定义会话 Session
session = HTMLSession()
baseUrl = 'https://movie.douban.com/j/chart/top_list?type=24&interval_id=100%3A90&action=&'
for i in range(5):
    print(' 开始获取第 ', i+1, ' 页 ')
    pageSize = 'start=' + str(i * 20) + '&limit=20'
    url = baseUrl + pageSize
    # 向 Ajax 请求地址发起请求获取数据
    r = session.get(url)
```

第三步:从返回的 response 对象中获取文本内容。由于文本内容 html.text 返回的是 JSON 格式,需要调用 json.loads 方法将其转换为 Python 字典,以方便后续操作,然后将转换的 Python 字典保存至 responseDict 变量中并输出查看,代码如下所示。

```
import json
responseDict = json.loads(r.html.text)
print(responseDict)
```

运行效果如图 4-25 所示。

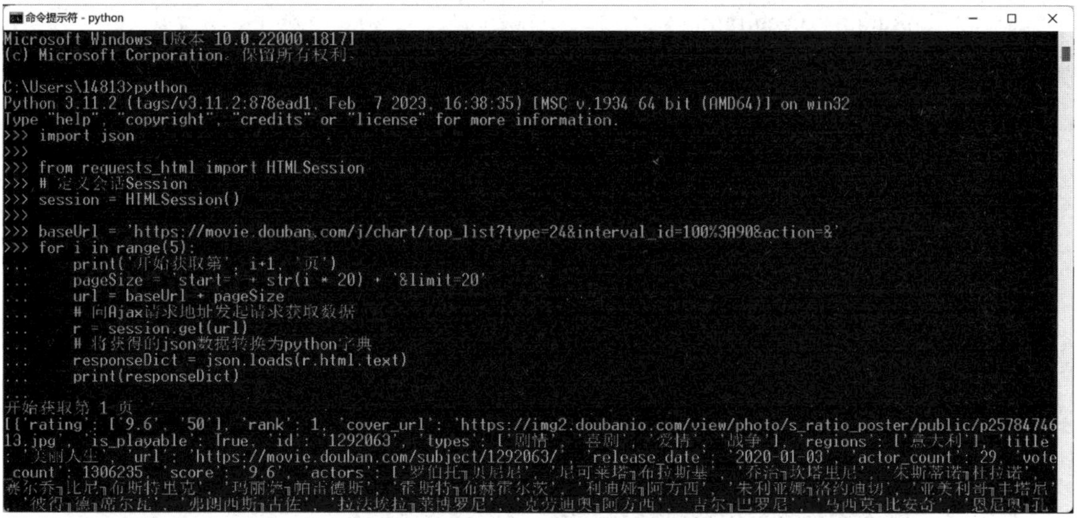

图 4-25 检查 python 字典内容

第四步:从开发者工具中分析列表结构得知,排行榜中的电影排名与电影名在列表中的属性分别为 rank 和 title,而评分与分类则是名为 rating 和 types 的列表。rating 中的 [0] 表示 10 分制得分,[1] 表示 5 颗星为 50,4.5 颗星为 45,如图 4-26 所示。

图 4-26　JSON 对象数据结构

第五步：在循环中嵌套另一个循环，使用字典的 get() 方法依次获取电影排名、电影名、评分和分类的数据并打印，代码如下所示。

```
for j in responseDict:
    filmRank = j.get('rank')
    filmName = j.get('title')
    filmRating = j.get('rating')
    filmTypes = j.get('types')
    print(' 排名：', filmRank, filmName, filmRating, filmTypes)
```

运行效果如图 4-27 所示。

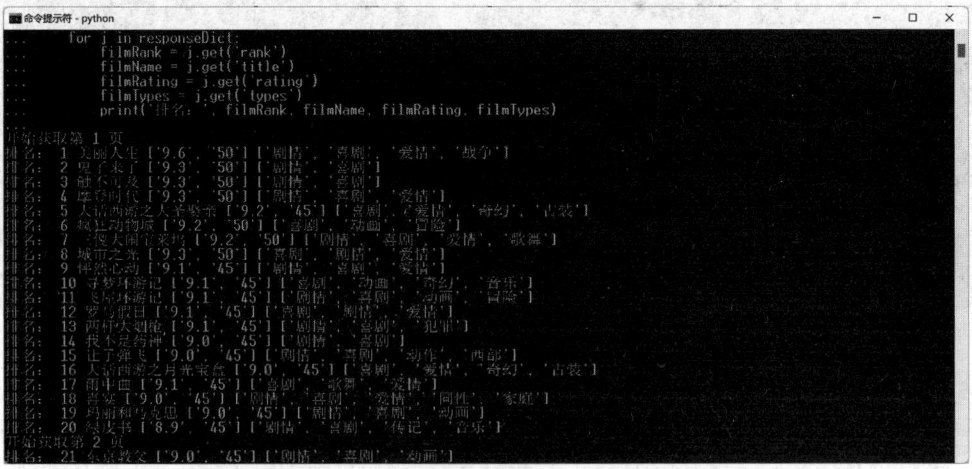

图 4-27　对爬取到的字典数据进行筛选

项目总结

通过对 Requests-HTML 库与 Ajax 技术的学习，读者对 Requests-HTML 库的基本使用、Requests-Cache 库有了一定了解，并且掌握了使用开发者工具浏览器分析网页 Ajax 请求地址，使用 Requests-HTML 库爬取静态或 Ajax 动态数据的方法。

英语角

Asynchronous	非共时的
Query	查询
Mozilla	谋智
Absolute	绝对的
Retries	复审
Scroll	滚动
Render	提供
Press	按
Contains	包含
Cache	缓存

课后习题

1. 选择题

（1）Requests-HTML 库通过 get() 或者 post() 发送请求之后得到的是一个（　　）参数。
A. 响应对象　　　　B. 列表　　　　　C. 字典　　　　　　D. 字符串

（2）install_cache() 方法中，（　　）参数可以对缓存的存储文件进行命名。
A.cache_name　　　B.backend　　　　C.expire_after　　　D.allowable_codes

（3）render() 方法中可以使用（　　）参数设定页面初次渲染后等待的时间。
A.wait()　　　　　B.retries()　　　　C.timeout()　　　　D.sleep()

（4）在使用 Requests-HTML 库时，若没有设置请求头则程序会（　　）。
A. 报错　　　　　　B. 访问页面失败　　C. 使用默认值　　　D. 警告

（5）Ajax 的工作原理是在用户和服务器之间加了一个（　　）。
A.Ajax 引擎　　　　B. 拦截器　　　　　C.HTTP 引擎　　　　D.JavaScript 方法

2. 简答题

（1）简述 Requests-HTML 库中 render() 方法的运行过程。

（2）简述 Ajax 的工作过程。

项目五　基于 Scrapy 框架实现网页数据采集

在 Python 中，Requests 库是一个 Python HTTP 库，可以方便地发送 HTTP 请求和处理响应，主要用于获取网页内容、API 数据等。但 Requests 库只提供了基本的 HTTP 请求和响应处理功能，需要手动解析 HTML 页面。而 Scrapy 是一个完整的 Python 爬虫框架，可以自动解析 HTML 页面、提取数据、存储数据等。并且，Scrapy 提供了强大的数据抓取和处理功能，支持异步 IO 和多线程技术，可以同时处理多个请求和响应。本项目通过对 Scrapy 框架相关知识的讲解，最终实现网站页面内容的获取。

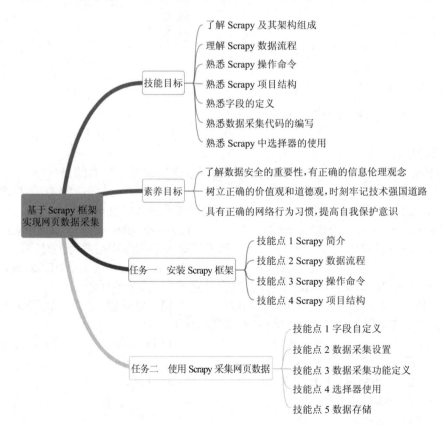

任务一 安装 Scrapy 框架

Scrapy 是 Python 中用于快速、高层次数据采集的一个框架。用户可以方便地根据需求进行采集功能的设置。本任务主要实现 Scrapy 框架的安装,并在任务实现过程中对 Scrapy 概念、数据流程、操作命令以及项目结构进行讲解。
- Scrapy 安装。
- 目标页面分析。
- 创建 Scrapy 项目。

技能点 1　Scrapy 简介

Scrapy 是一个可以实现爬取网站数据,提取结构性数据的 Python 应用框架。 其最初是为了页面抓取而设计的,随着使用 Scrapy 的人越来越多,其也可以应用在数据挖掘、信息处理或存储历史数据等一系列程序中。另外,Scrapy 使用 Twisted 异步网络库处理网络通信,架构清晰,模块之间的耦合程度低,可扩展性强,并且在使用时只需定制开发几个模块即可轻松实现爬虫。Scrapy 整体架构如图 5-1 所示。

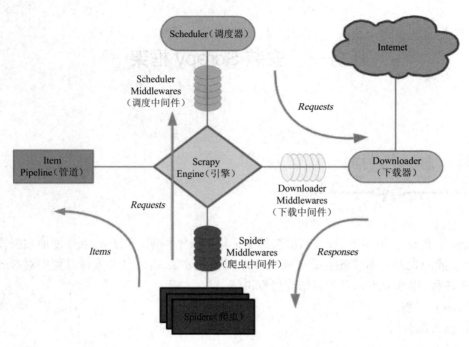

图 5-1　Scrapy 整体架构

(1) Scrapy Engine（引擎）

引擎主要用来处理整个系统的数据流、触发事务，负责爬虫、管道、下载器、调度器之间的信号、数据传递等。

(2) Scheduler（调度器）

调度器用于接收引擎发送过来的 Request 请求，并将请求加入整理排序后的等待队列中，当引擎需要时，再返回给引擎。

(3) Downloader（下载器）

下载器主要负责下载引擎发送的所有 Requests 请求，并将其获取到的 Responses 交还给引擎，由引擎交给爬虫来处理。简单来说就是下载网页内容，并将网页内容返回给爬虫。

(4) Spider（爬虫）

爬虫是主要工作者，用于从特定的网页中提取自己需要的信息，即所谓的实体（Item）。用户也可以从中提取链接，让 Scrapy 继续抓取下一个页面。爬虫可以负责处理所有 Responses，并从中分析提取数据，获取实体字段需要的数据，之后将需要跟进的 URL 提交给引擎，再次进入调度器。

(5) Item Pipeline（管道）

管道负责处理爬虫从网页中抽取的实体，主要功能包括持久化实体、验证实体的有效性和清除不需要的信息。页面被爬虫解析后，将被发送到项目管道，并经过几个特定的程序处理数据。管道是进行后期处理（详细分析、过滤、存储等）的地方。

(6) Downloader Middlewares（下载中间件）

下载中间件位于 Scrapy 引擎和下载器之间的框架，主要用于处理 Scrapy 引擎与下载器之间的请求及响应，可以当作一个自定义扩展下载功能的组件。

（7）Spider Middlewares（爬虫中间件）

爬虫中间件是介于 Scrapy 引擎和爬虫之间的框架，主要工作是处理爬虫的响应输入和请求输出，可以理解为一个可以自定义扩展的操作引擎与爬虫之间通信的功能组件（比如进入爬虫的 Responses 和从爬虫出去的 Requests）。

（8）Scheduler Middewares（调度中间件）

调度中间件是介于 Scrapy 引擎和调度之间的中间件，表示从 Scrapy 引擎发送到调度的请求和响应。

技能点 2　Scrapy 数据流程

Scrapy 框架中的数据流主要是由引擎来控制的，但想要完成整个爬虫过程还需要各个部分相互配合。Scrapy 数据流程如下所示。

第一步：Scrapy 引擎向爬虫请求需要爬取的 URL。

第二步：爬虫将爬取的 URL 发送给 Scrapy 引擎。

第三步：Scrapy 引擎通知调度器，把 Requests 请求排入队列。

第四步：调度器处理 Requests 请求。

第五步：Scrapy 引擎请求调度器处理好的 Requests 请求。

第六步：调度器将处理好的 Requests 请求返回 Scrapy 引擎。

第七步：Scrapy 引擎通过下载中间件将 URL 转发给下载器。

第八步：下载器下载 URL，下载完毕后，下载器通过下载中间件将生成页面的 Response 发送给 Scrapy 引擎。

第九步：Scrapy 引擎接收 Response，并通过调度中间件发送给爬虫处理。

第十步：爬虫处理 Response，将实体和新的 Requests 请求返回 Scrapy 引擎。

第十一步：Scrapy 引擎将实体发送给管道进行处理，将新的 Requests 请求发送给调度器。

第十二步：重复第二步到第十一步，直到调度器中不存在 Requests 请求，程序停止，爬虫结束。

技能点 3　Scrapy 操作命令

Scrapy 爬虫时，不仅需要进行内部文件的代码编写或配置，还需要结合外部的一些操作命令，如项目的创建、运行等操作。目前，根据使用环境的不同，Scrapy 操作命令可以分为全局命令和项目命令两种。

（1）全局命令

全局命令不依托 Scrapy 项目而存在，即不管有没有 Scrapy 项目都可以使用。全局命令如表 5-1 所示。

表 5-1 全局命令

命令	描述
-h	查看可用命令的列表
fetch	使用 Scrapy downloader 提取的 URL
runspider	未创建项目的情况下,运行一个编写好的爬虫模块
settings	规定项目的设定值
shell	给定 URL 的一个交互式模块
startproject	用于创建项目
version	显示 Scrapy 版本
view	使用 Scrapy downloader 提取 URL 并显示浏览器中的内容
genspider	使用内置模板创建一个爬虫文件
bench	测试 Scrapy 项目在硬件上的运行效率

其中,"startproject"命令是一个创建命令,主要用于实现 Scrapy 项目的创建。在命令后面加入项目的名称即可创建项目,语法格式如下所示。

```
scrapy startproject ScrapyName
```

"genspider"命令主要用于爬虫文件的创建,其包含了多个参数。这些参数用于可用模板的查看、指定创建模板等。在创建模板时,不指定参数会默认使用 basic 模板。"genspider"命令包含的部分参数如表 5-2 所示。

表 5-2 "genspider"命令包含的部分参数

参数	描述
-l	列出所有可用模板
-d	展示模板的内容
-t	指定模板创建

"genspider"命令语法格式如下所示。

```
scrapy genspider SpiderName scrapy.org
```

其中"scrapy.org"为想要爬取网页的地址。

(2)项目命令

相比全局命令的作用域,项目命令主要使用在 Scrapy 项目中,在项目外使用无效。项目命令如表 5-3 所示。

表 5-3　项目命令

命令	描述
crawl	使用爬虫抓取数据，运行项目
check	检查项目并由 crawl 命令返回
list	显示本项目中可用爬虫的列表
edit	可以通过编辑器编辑爬虫
parse	通过爬虫分析给定的 URL

其中，"crawl"命令主要用于实现 Scrapy 项目的运行，在命令后面加入爬虫文件名称即可运行 Scrapy 项目，语法格式如下所示。

```
scrapy crawl SpiderName
```

技能点 4　Scrapy 项目结构

用每种语言编写的项目都有其特定的项目结构，Scrapy 项目同样有着自己的结构，并且结构较为简单，可以分为三个部分：项目的整体配置文件、项目设置文件、爬虫代码编写文件。Scrapy 项目结构如图 5-2 所示。

图 5-2　Scrapy 项目结构

Scrapy 项目中各个文件作用如表 5-4 所示。

表 5-4　Scrapy 项目中各个文件作用

文件	作用
newSpider/	项目的 Python 模块，将会从这里引用代码
newSpider/items.py	项目的目标文件
newSpider/middlewares.py	定义项目的 Spider Middlewares 和 Downloader Middlewares
newSpider/pipelines.py	项目的管道文件

续表

文件	作用
newSpider/settings.py	项目的设置文件
newSpider/spiders/	存储爬虫代码目录
scrapy.cfg	项目的配置文件

第一步：安装 LXML 解析库，在命令窗口输入"pip install lxml"即可下载安装，如图 5-3 所示。

图 5-3　安装 LXML 解析库

第二步：安装 pyOpenSSL，在命令窗口输入"pip install pyOpenSSL"，效果如图 5-4 所示。

图 5-4　安装 pyOpenSSL

第三步：安装 Twisted，在命令窗口输入"pip install Twisted"进行下载安装，效果如图 5-5 所示。

```
C:\Users\12406>pip install Twisted
Collecting Twisted
  Downloading Twisted-22.10.0-py3-none-any.whl (3.1 MB)
     ---------------------------------------- 3.1/3.1 MB 30.6 kB/s eta 0:00:00
Collecting incremental>=21.3.0
  Downloading incremental-22.10.0-py2.py3-none-any.whl (16 kB)
Collecting attrs>=19.2.0
  Downloading attrs-23.1.0-py3-none-any.whl (61 kB)
     ---------------------------------------- 61.2/61.2 kB 37.4 kB/s eta 0:00:00
Collecting hyperlink>=17.1.1
  Downloading hyperlink-21.0.0-py2.py3-none-any.whl (74 kB)
     ---------------------------------------- 74.6/74.6 kB 26.4 kB/s eta 0:00:00
Collecting Automat>=0.8.0
  Downloading Automat-22.10.0-py2.py3-none-any.whl (26 kB)
Collecting twisted-iocpsupport<2,>=1.0.2
  Downloading twisted_iocpsupport-1.0.3-cp310-cp310-win_amd64.whl (39
 kB)
Collecting typing-extensions>=3.6.5
  Downloading typing_extensions-4.5.0-py3-none-any.whl (27 kB)
Collecting zope.interface>=4.4.2
  Downloading zope.interface-6.0-cp310-cp310-win_amd64.whl (204 kB)
     ---------------------------------------- 204.1/204.1 kB 23.6 kB/s eta 0:00:00
Collecting constantly>=15.1
  Downloading constantly-15.1.0-py2.py3-none-any.whl (7.9 kB)
Collecting six
  Downloading six-1.16.0-py2.py3-none-any.whl (11 kB)
Collecting idna>=2.5
  Downloading idna-3.4-py3-none-any.whl (61 kB)
     ---------------------------------------- 61.5/61.5 kB 46.0 kB/s eta 0:00:00
Requirement already satisfied: setuptools in c:\users\12406\appdata\l
ocal\programs\python\python310\lib\site-packages (from zope.interface
>=4.4.2->Twisted) (65.5.0)
Installing collected packages: twisted-iocpsupport, incremental, cons
tantly, zope.interface, typing-extensions, six, idna, attrs, hyperlin
k, Automat, Twisted
Successfully installed Automat-22.10.0 Twisted-22.10.0 attrs-23.1.0 c
onstantly-15.1.0 hyperlink-21.0.0 idna-3.4 incremental-22.10.0 six-1.
16.0 twisted-iocpsupport-1.0.3 typing-extensions-4.5.0 zope.interface
-6.0
```

图 5-5　安装 Twisted

第四步：安装 PyWin32，在命令窗口输入“pip install PyWin32”，效果如图 5-6 所示。

```
C:\Users\12406>pip install PyWin32
Collecting PyWin32
  Downloading pywin32-306-cp310-cp310-win_amd64.whl (9.2 MB)
     ---------------------------------------- 9.2/9.2 MB 40.6 kB/s eta 0:00:00
Installing collected packages: PyWin32
Successfully installed PyWin32-306
```

图 5-6　安装 PyWin32

第五步：Scrapy 的依赖库已经安装完成，现在可以安装 Scrapy 了。在命令窗口输入“pip install Scrapy”，效果如图 5-7 所示。

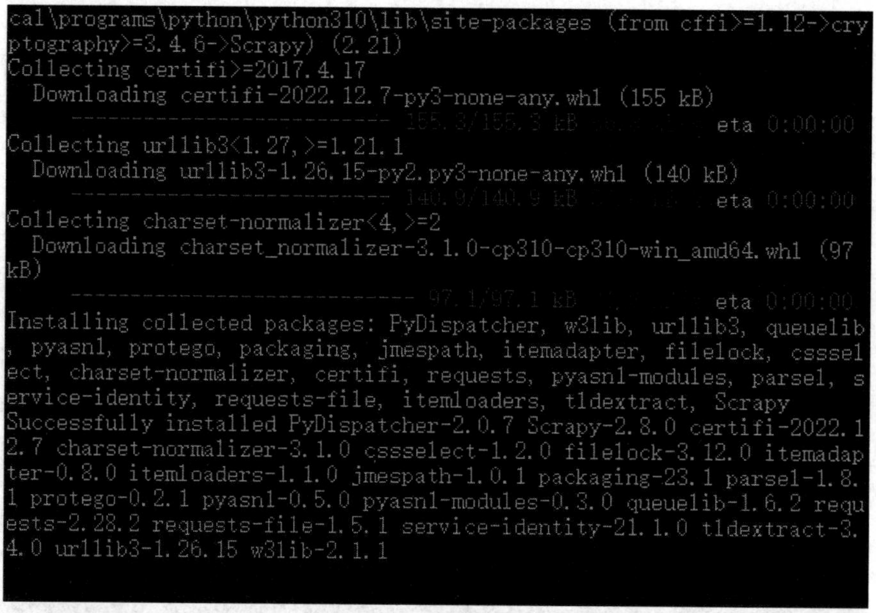

图 5-7　安装 Scrapy

第六步：打开浏览器，输入网站地址"http://www.imooc.com/course/list"，页面效果如图 5-8 所示。

图 5-8　页面效果

第七步：键入“F12”按钮，进入页面代码查看工具，找到图中内容所在区域并展开页面结构代码，如图 5-9 所示。

```
▶<div class="top-wrap">⋯</div>
▶<div class="sort-and-page clearfix">⋯</div>
▼<div class="course-list">
  ▼<div class="list max-1152 clearfix">
    ▼<a class="item free " href="//www.imooc.com/learn/1383" target="_blank" data-cid="138
      3" data-type="1" data-title="G1-Java新一代垃圾回收器原理与实战">
        <div class="img" style="background-image: url('//img.mukewang.com/642e3d8309921286054
        00304.png')"></div>
        <p class="title ellipsis2">G1-Java新一代垃圾回收器原理与实战</p>
        <p class="one">初阶 · 514人报名</p>
      ▼<p class="two clearfix">
          <span class="l">免费</span>
        ▼<span class="star r"> flex
          ▼<i class="icon imv2-star-o">
              ::before
            </i>
            <i class="txt">收藏</i>
          </span>
          ::after
        </p>
      </a>
    ▶<a class="item free " href="//www.imooc.com/learn/1381" target="_blank" data-cid="138
      1" data-type="1" data-title="CSS3布局样式与案例">⋯</a>
    ▶<a class="item free " href="//www.imooc.com/learn/1382" target="_blank" data-cid="138
      2" data-type="1" data-title="Sharding-JDBC 入门与实战">⋯</a>
    ▶<a class="item free " href="//www.imooc.com/learn/1341" target="_blank" data-cid="134
      1" data-type="1" data-title="嵌入式底层开发必备-计算机微机原理与接口技术">⋯</a>
    ▶<a class="item free " href="//www.imooc.com/learn/1379" target="_blank" data-cid="137
      9" data-type="1" data-title="7种设计原则+3个实战案例，带你初探Java 设计模式">⋯</a>
```

图 5-9　查看并展开页面结构代码

第八步：明确获取内容，这里需要获取的信息分别是课程标题、课程路径、标题图片地址、报名人数、报名费用。

第九步：打开命令窗口，输出命令“scrapy startproject ScrapyProject”，创建名为“ScrapyProject”的爬虫项目，如图 5-10 所示。

```
C:\Users\12406>scrapy startproject ScrapyProject
New Scrapy project 'ScrapyProject', using template directory 'C:\User
s\12406\AppData\Local\Programs\Python\Python310\Lib\site-packages\scr
apy\templates\project', created in:
    C:\Users\12406\ScrapyProject

You can start your first spider with:
    cd ScrapyProject
    scrapy genspider example example.com
```

图 5-10　创建项目

任务二　使用 Scrapy 采集网页数据

使用 Scrapy 框架进行爬虫非常简单,只需经过新建项目、明确抓取的目标、制作爬虫、通过管道的设置实现爬取内容的保存等四个步骤即可实现。本任务将通过 Scrapy 完成对网页数据的采集,并在任务实现过程中,对如何在 Scrapy 中自定义字段、设置采集功能、使用选择器等内容进行讲解。

- 创建类并定义相关的字段。
- 创建爬虫文件。
- 使用 Xpath 选择器解析内容。
- 多页数据采集设置。
- 将采集数据存储到本地文件。

技能点 1　字段自定义

在 Scrapy 框架中,字段用于指定抓取信息,明确目标,如对于招聘网站可以抓取职位名称、薪资、工作地点等信息。这些操作可通过修改 items.py 文件实现。在 items.py 文件中创建一个包含 scrapy.Item 参数的类并使用"scrapy.Field()"来定义结构化数据字段,用于保存抓取数据。Scrapy 框架中 items.py 文件的代码格式如下。

```
# -*- coding: utf-8 -*-
# Define here the models for your scraped items
#
# See documentation in:
# https://doc.scrapy.org/en/latest/topics/items.html
# 导入 scrapy 模块
import scrapy
# 定义包含 scrapy.Item 参数的类
class NewscrapyItem(scrapy.Item):
    # define the fields for your item here like:
    # 自定义字段
    name = scrapy.Field()
    # 通过提示
    pass
```

除了使用自定义字段方式外,在 Scrapy 框架中还可以使用另一种方法,代码格式与上面的基本相同,但更为精简,具体如下。

```
# -*- coding: utf-8 -*-
# 导入 scrapy 模块
import scrapy
# 导入 scrapy 的 Item 参数和 Field 方法
from scrapy import Item,Field
# 定义包含 scrapy.Item 参数的类
class NewscrapyItem(Item):
    # 自定义字段
    name=Field();
```

技能点 2 数据采集设置

爬虫设置主要是通过项目的 settings.py 配置文件完成的。通过 Scrapy 框架提供的多个参数及参数值的定义即可对所有 Scrapy 组件行为进行设置,包括核心、扩展、管道、爬虫本身等。Scrapy 框架中常用的设置参数如表 5-5 所示。

表 5-5　Scrapy 框架中常用的设置参数

参数	描述
BOT_NAME	Scrapy 项目的名称
SPIDER_MODULES	Scrapy 搜索爬虫的模块列表,格式为"xxx.spiders"
NEWSPIDER_MODULE	使用 genspider 命令创建新的爬虫模块,格式为"xxx.spiders"

续表

参数	描述
USER_AGENT	爬取的默认 User-Agent
ROBOTSTXT_OBEY	是否采用 robots.txt 策略，值为 True/False
CONCURRENT_REQUESTS	并发请求的最大值，默认为 16
DOWNLOAD_DELAY	从同一网站下载连续页面之前应等待的时间，默认值为 0，单位为秒
CONCURRENT_REQUESTS_PER_DOMAIN	对单个网站进行并发请求的最大值
CONCURRENT_REQUESTS_PER_IP	对单个 IP 进行并发请求的最大值
COOKIES_ENABLED	是否禁用 Cookie，默认启用，值为 True/False
TELNETCONSOLE_ENABLED	是否禁用 Telnet 控制台，默认启用，值为 True/False
DEFAULT_REQUEST_HEADERS	定义并覆盖默认请求头
SPIDER_MIDDLEWARES	启用或禁用爬虫中间件
DOWNLOADER_MIDDLEWARES	启用或禁用下载器中间件
EXTENSIONS	启用或禁用扩展程序
ITEM_PIPELINES	配置项目管道
AUTOTHROTTLE_ENABLED	启用和配置 AutoThrottle 扩展，默认禁用，值为 True/False
AUTOTHROTTLE_START_DELAY	开始下载时限速并延迟时间，单位为秒
AUTOTHROTTLE_MAX_DELAY	在高延迟的情况下设置的最长下载延迟时间，单位为秒
AUTOTHROTTLE_DEBUG	是否显示所收到的每个响应的调节统计信息，值为 True/False
HTTPCACHE_ENABLED	是否启用 HTTP 缓存，值为 True/False
HTTPCACHE_EXPIRATION_SECS	缓存请求的到期时间，单位为秒
HTTPCACHE_DIR	用于存储 HTTP 缓存的目录
HTTPCACHE_IGNORE_HTTP_CODES	是否使用 HTTP 代码缓存响应
HTTPCACHE_STORAGE	实现缓存存储后端的类

在 settings.py 文件中使用以上参数实现项目的设置，代码如下所示。

```
# -*- coding: utf-8 -*-

# Scrapy settings for demo1 project
#
# For simplicity, this file contains only settings considered important or
# commonly used. You can find more settings consulting the documentation:
#
#     http://doc.scrapy.org/en/latest/topics/settings.html
#     http://scrapy.readthedocs.org/en/latest/topics/downloader-middleware.html
#     http://scrapy.readthedocs.org/en/latest/topics/spider-middleware.html

#Scrapy 项目名称
BOT_NAME = 'newScrapy'

#Scrapy 搜索 spider 的模块列表
SPIDER_MODULES = ['newScrapy.spiders']

# 使用 genspider 命令创建新 spider 的模块
NEWSPIDER_MODULE = 'newScrapy.spiders'

# 爬取的默认 User-Agent
USER_AGENT = 'newScrapy (+http://www.yourdomain.com)'

#Scrapy 采用 robots.txt 策略
ROBOTSTXT_OBEY = True

#Scrapy downloader 并发请求 (concurrent requests) 的最大值
CONCURRENT_REQUESTS = 32

# 为同一网站的请求配置延迟
#DOWNLOAD_DELAY = 3

# 设置对单个网站进行并发请求的最大值
CONCURRENT_REQUESTS_PER_DOMAIN = 16
```

设置对单个IP进行并发请求的最大值
#CONCURRENT_REQUESTS_PER_IP = 16

# 禁用Cookie
COOKIES_ENABLED = False

# 禁用Telnet控制台
TELNETCONSOLE_ENABLED = False

# 覆盖默认请求标头
DEFAULT_REQUEST_HEADERS = {
    'Accept': 'text/html,application/xhtml+xml,application/xml;q=0.9,*/*;q=0.8',
    'Accept-Language': 'en',
}

# 启用或禁用爬虫中间件
SPIDER_MIDDLEWARES = {
    'demo1.middlewares.NewscrapySpiderMiddleware': 543,
}

# 启用或禁用下载器中间件
DOWNLOADER_MIDDLEWARES = {
    'demo1.middlewares.NewscrapyDownloaderMiddleware': 543,
}

# 启用或禁用扩展程序
EXTENSIONS = {
    'scrapy.extensions.telnet.TelnetConsole': None,
}

# 配置项目管道
ITEM_PIPELINES = {
    'demo1.pipelines.NewscrapyPipeline': 300,
}

```
# 启用和配置 AutoThrottle 扩展
AUTOTHROTTLE_ENABLED = True

# 初始下载延迟
AUTOTHROTTLE_START_DELAY = 5

# 在高延迟的情况下设置的最大下载延迟
AUTOTHROTTLE_MAX_DELAY = 60

#Scrapy 请求的平均数量应该并行发送每个远程服务器
AUTOTHROTTLE_TARGET_CONCURRENCY = 1.0

# 启用显示所收到的每个响应的调节统计信息
AUTOTHROTTLE_DEBUG = False

# 启用和配置 HTTP 缓存
# 启用 HTTP 缓存
HTTPCACHE_ENABLED = True
# 定义 HTTP 缓存请求到期时间
HTTPCACHE_EXPIRATION_SECS = 0
# 配置 HTTP 缓存目录
HTTPCACHE_DIR = 'httpcache'
# 使用 HTTP 代码缓存响应
HTTPCACHE_IGNORE_HTTP_CODES = []
# 定义缓存存储的后端类
HTTPCACHE_STORAGE = 'scrapy.extensions.httpcache.FilesystemCacheStorage'
```

技能点 3　数据采集功能定义

数据采集功能主要定义在 Spiders 文件夹下的爬虫文件中。这个爬虫文件在项目创建时并不存在，需要手动创建，或者通过"scrapy genspider"命令使用模板创建。在爬虫文件中存在一个类，这个类中定义了爬取网站的相关操作，包含爬取路径、如何从网页中提取数据，这些爬虫操作都是通过多个通用的 Spider 参数实现的。爬虫文件中包含的通用 Spider 参数如表 5-6 所示。

表 5-6　爬虫文件中包含的通用 Spider 参数

参数	描述
scrapy.Spider	通用 Spider
CrawlSpider	爬取一般网站
XMLFeedSpider	通过迭代节点分析 XML 内容
CSVFeedSpider	与 XMLFeedSpider 类似,但其按行遍历内容
SitemapSpider	通过 Sitemaps 发现爬取的 URL

（1）scrapy.Spider

scrapy.Spider 是最简单的 Spider,在爬取网页时,只需给定 start_urls 即可获取请求结果,并通过返回结果调用 parse(self, response) 方法。scrapy.Spider 包含的部分类属性和可重写方法如表 5-7 所示。

表 5-7　scrapy.Spider 包含的部分类属性和可重写方法

类属性和可重写方法	描述
name	Spider 名称
allowed_domains	允许爬取的域名列表
start_urls	可以抓取的 URL 列表
start_requests(self)	打开网页并抓取内容,必须返回一个可迭代对象
parse(self, response)	用于处理网页返回的 Response,以及生成 Item 或者 Request 对象
log(self, message[, level, component])	使用 scrapy.log.msg() 方法记录（log）message

语法格式如下所示。

```
# 导入 scrapy 模块
import scrapy
# 定义包含 scrapy.Spider 参数的类
class MyspiderSpider(scrapy.Spider):
    # 定义 spider 名称
    name = 'MySpider'
    # 定义允许爬取的域名
    allowed_domains = ['scrapy.org']
    # 定义爬取地址
    start_urls = ['http://scrapy.org/']
    #parse 调用 parse() 网页处理方法
    def parse(self, response):
```

```
# 打印返回结果
print(response)
pass
```

（2）CrawlSpider

CrawlSpider 是爬取网站常用的一个 Spider，它在爬取网站时，定义了多个规则用于支持 link 的跟进。在使用 CrawlSpider 时，可能会出现不符合特定网站的情况，但可以通过少量的更改，使其在任意情况下均可使用。CrawlSpider 除了包含与 scrapy.Spider 相同的类属性和可重写方法外，还包含一些别的类属性和可重写方法。CrawlSpider 包含的部分类属性和可重写方法如表 5-8 所示。

表 5-8　CrawlSpider 包含的部分类属性和可重写方法

类属性和可重写方法	描述
rules	包含一个（或多个）Rule 对象的集合（list）。每个 Rule 对爬取网站的动作定义了特定表现。如果多个 Rule 匹配了相同的链接，则根据它们在本属性中被定义的顺序来使用
parse_start_url(response)	当 start_url 的请求返回时，该方法被调用。该方法分析最初的返回值并必须返回一个 Item 对象或者 一个 Request 对象或者 一个可迭代的包含二者的对象
Rule(link_extractor, callback=None, cb_kwargs=None, follow=None, process_links=None, process_request=None)	定义爬取规则

其中，Rule 可重写方法包含的各个参数如表 5-9 所示。

表 5-9　Rule 可重写方法包含的各个参数

参数	描述
link_extractor	指定爬虫如何跟随链接和提取数据
callback	指定调用函数，在每一页提取之后被调用
cb_kwargs	包含传递给回调函数的参数的字典
follow	指定是否继续跟踪链接，值为 True 或 False
process_links	回调函数，从 link_extractor 中获取链接列表时将会调用该函数，主要用来过滤
process_request	回调函数，提取每个 Request 时都会调用该函数，并且必须返回一个 Request 或者 None，可以用来过滤 Request

语法格式如下所示。

```
import scrapy
# 从 scrapy.spiders 中导入 CrawlSpider 和 Rule
from scrapy.spiders import CrawlSpider, Rule
# 从 scrapy.linkextractors 中导入 LinkExtractor
from scrapy.linkextractors import LinkExtractor
# 定义包含 CrawlSpider 参数的类
class MycrawlspiderSpider(CrawlSpider):
    # 定义 spider 名称
    name = 'MyCrawlSpider'
    # 定义允许爬取的域名
    allowed_domains = ['scrapy.org']
    # 定义爬取地址
    start_urls = ['http://scrapy.org/']
    rules = (
        # 提取匹配 'category.php' ( 但不匹配 'subsection.php') 的链接
        # 并跟进链接 ( 没有 callback 意味着 follow 默认为 True)
        Rule(LinkExtractor(allow=('category\.php',), deny=('subsection\.php',))),
        # 提取匹配所有情况的链接并使用 spider 的 parse_item 方法进行分析
        Rule(LinkExtractor(allow=('',)), callback='parse_item'),
    )
    # 定义调用方法
    def parse_item(self, response):
        # 打印返回结果
        print(response)
```

（3）XMLFeedSpider

在爬虫时，经常需要处理 RSS 订阅信息。RSS 是一种基于 XML 标准的信息聚合技术，能够更高效、便捷地实现信息的发布、共享。由于使用以上方式进行 RSS 订阅信息的获取是非常困难的，因此 Scrapy 框架提供了 XMLFeedSpider 方式。该方式主要通过迭代器进行各个节点的迭代，进而实现 XML 源的分析。XMLFeedSpider 与 CrawlSpider 情况基本相同，都包含与 scrapy.Spider 相同的类属性和可重写方法，除此之外 XMLFeedSpider 还包含其他类属性和可重写方法。XMLFeedSpider 包含的部分类属性和可重写方法如表 5-10 所示。

表 5-10　XMLFeedSpider 包含的部分类属性和可重写方法

类属性和可重写方法	描述
iterator	选择使用的迭代器，值为 iternodes、HTML、XML，默认为 iternodes
itertag	定义迭代时进行匹配的节点名称

类属性和可重写方法	描述
adapt_response(response)	接收响应,并在开始解析之前从爬虫中间件修改响应体
parse_node(response,selector)	回调函数,当节点匹配提供标签名时被调用
process_results(response,results)	回调函数,当爬虫返回结果时被调用

语法格式如下所示。

```
# 导入 scrapy 模块
import scrapy
# 从 scrapy.spiders 中导入 XMLFeedSpider
from scrapy.spiders import XMLFeedSpider
# 定义包含 XMLFeedSpider 参数的类
class MyxmlfeedspiderSpider(XMLFeedSpider):
    # 定义 spider 名称
    name = 'MyXMLFeedSpider'
    # 定义允许爬取的域名
    allowed_domains = ['sina.com.cn']
    # 定义爬取地址
    start_urls = ['http://blog.sina.com.cn/rss/1 246 151 574.xml']
    # 选择迭代器
    iterator = 'iternodes'
    # 定义迭代时进行匹配的节点名称
    itertag = 'rss'
    # 回调函数,当节点匹配提供标签名时被调用
    def parse_node(self, response, node):
        # 打印返回结果
        print(response)
```

（4）CSVFeedSpider

CSVFeedSpider 与 CrawlSpider 和 XMLFeedSpider 的功能基本相同,同样是实现爬虫的一种方式,不同的是,CrawSpider 用于通用爬虫,能够适应各种情况;XMLFeedSpider 主要应用于 XML 文件内容的获取。另外,CSVFeedSpider 与 XMLFeedSpider 都是通过迭代的方式获取内容的变量,不过 XMLFeedSpider 是按节点进行迭代,而 CSVFeedSpider 则是按行迭代并且不需要使用迭代器,主要应用于 CSV 格式内容的爬虫。CSVFeedSpider 同样是由 scrapy.Spider 继承来的,因此相同的类属性和可重写方法就不再介绍了。CSVFeedSpider 特有的常用类属性和可重写方法如表 5-11 所示。

表 5-11 CSVFeedSpider 特有的常用类属性和可重写方法

类属性和可重写方法	描述
delimiter	定义区分字段的分隔符
headers	从文件中可以提取字段语句的列表
parse_row(response,row)	回调函数,当爬虫返回结果时被调用,可以接收一个 Response 对象及一个以提供或检测出来的 header 为键的字典

语法格式如下所示。

```
# 导入 scrapy 模块
import scrapy
# 从 scrapy.spiders 中导入 CSVFeedSpider
from scrapy.spiders import CSVFeedSpider
# 定义包含 CSVFeedSpider 参数的类
class MycsvfeedspiderSpider(CSVFeedSpider):
    # 定义 spider 名称
    name = 'MyCSVFeedSpider'
    # 定义允许爬取的域名
    allowed_domains = ['iqianyue.com']
    # 定义爬取地址
    start_urls = ['http://yum.iqianyue.com/weisuenbook/pyspd/part12/mydata.csv']
    # 定义字段分隔符
    delimiter = ','
    # 定义提取字段的行的列表
    headers = ['name','sex','addr','email']
    # 接收一个 response 对象及一个以提供或检测出来的 header 为键的字典
    def parse_row(self, response, row):
        # 打印返回的 response 对象
        print(response)
        # 打印返回的以提供或检测出来的 header 为键的字典
        print(row)
```

（5）SitemapSpider

SitemapSpider 与 XMLFeedSpider 都能够实现 XML 页面中链接地址的爬取,不同的 SitemapSpider 会通过 Sitemaps 爬取页面中包含的全部链接地址。SitemapSpider 还可以从 robots.txt 中实现 sitemap 的链接地址的获取。SitemapSpider 与以上几种情况大致相同,相同的类属性和可重写方法就不再进行介绍了。SitemapSpider 中特有的部分类属性和可重写方法如表 5-12 所示。

表 5-12 SitemapSpider 中特有的部分类属性和可重写方法

类属性和可重写方法	描述
sitemap_urls	爬取网站的 sitemap 的 URL 列表
sitemap_rules	定义 URL 路径的过滤条件
sitemap_follow	网站内链接地址的正则表达式跟踪列表
sitemap_alternate_links	指定是否跟进一个 URL 可选的链接

语法格式如下所示。

```
# 导入 scrapy 模块
import scrapy
# 从 scrapy.spiders 中导入 SitemapSpider
from scrapy.spiders import SitemapSpider
# 定义包含 SitemapSpider 参数的类
class MysitemapspiderSpider(SitemapSpider):
    # 定义 spider 名称
    name = 'MySitemapSpider'
    # 定义爬取的 sitemap 的 url 列表
    sitemap_urls = ['https://imququ.com/sitemap.xml']
    # 调用 parse() 网页处理方法
    def parse(self, response):
        # 打印返回结果
        print(response)
```

素养提升：君子爱财，取之有道

在实现网络数据采集时，网络爬虫是一种按照一定的规则、自动请求网页内容并提取网络数据（仅限公开）的程序或脚本，如果使用不合理，会有违法的风险。例如：不遵守爬虫协议，强行突破反爬虫措施，爬取一些高度敏感的信息，并用于商业行为。技术是一把双刃剑，只有合理使用才能发挥最大作用。我们应立志成为德才兼备的新时代人才，加强全媒体传播体系建设，塑造主流舆论新格局，健全网络综合治理体系，营造良好的网络生态环境。

技能点 4　选择器使用

在 Scrapy 中，选择器主要用于对 Response 对象中包含的完整 HTML 页面信息进行解析，并提取所需数据。目前，Scrapy 提供了 XPath 和 CSS 两种选择器，能够实现在 HTML 中对某个部分进行选择并提取数据，但在使用选择器之前，需要导入 Selector。

（1）XPath 选择器

Scrapy 中的 Xpath 选择器与 LXML 中的类似，包含的符号和方法基本相同，如表 5-13 所示。

表 5-13 XPath 路径表达式中包含的符号和方法

符号和方法	意义
nodeName	选取此节点的所有节点
/	从根节点选取
//	从匹配选择的当前节点选择文档中的节点，不考虑它们的位置
.	选择当前节点
..	选取当前节点的父节点
@	选取属性
*	匹配任何元素节点
@*	匹配任何属性节点
Node()	匹配任何类型的节点
text()	获取文本信息

将表 5-13 中的符号和方法进行组合，列举出部分路径表达式及其意义，如表 5-14 所示。

表 5-14 部分路径表达式及其意义

表达式	意义
artical	选取所有 artical 元素的子节点
/artical	选取根元素 artical
./artical	选取当前元素下的 artical
../artical	选取父元素下的 artical
artical/a	选取所有属于 artical 的子元素 a 元素
//div	选取所有 div 子元素，无论 div 元素在任何位置
artical//div	选取所有属于 artical 的 div 元素，无论 div 元素在 artical 的任何位置
//@class	选取所有名为 class 的属性
a/@href	选取 a 标签的 href 属性
a/text()	选取 a 标签下的文本
string(.)	解析当前节点下所有文字
string(..)	解析父节点下所有文字
/artical/div[1]	选取所有属于 artical 子元素的第一个 div 元素
/artical/div[last()]	选取所有属于 artical 子元素的最后一个 div 元素
/artical/div[last()-1]	选取所有属于 artical 子元素的倒数第 2 个 div 元素
/artical/div[position()<3]	选取所有属于 artical 子元素的前 2 个 div 元素
//div[@class]	选取所有拥有属性为 class 的 div 节点

续表

表达式	意义
//div[@class="main"]	选取所有 div 元素下 class 属性为 main 的 div 节点
//div[price>3.5]	选取所有 div 元素下元素值 price 大于 3.5 的节点

语法格式如下所示。

```
# 导入 scrapy 模块
import scrapy
# 从 scrapy.selector 中导入 Selector
from scrapy.selector import Selector
# 定义包含 scrapy.Spider 参数的类
class MyspiderSelectorSpider(scrapy.Spider):
    # 定义 spider 名称
    name = 'MySpider_selector'
    # 定义允许爬取的域名
    allowed_domains = ['scrapy.org']
    # 定义爬取地址
    start_urls = ['http://scrapy.org/']
    # 调用 parse() 网页处理方法
    def parse(self, response):
        # 构造 Selector 实例
        sel=Selector(response)
        # 解析 HTML
        content=sel.xpath('//ul[@class="navigation"]')
        # 打印获取部分内容
        print(content)
```

XPath 选择器除了可以使用表达式进行数据的获取外，还能够使用一些方法对获取的数据进行操作。例如，从上面的代码中可以看到打印出来的数据并不是单纯的字符串、字典等形式的数据，这时就可以使用相关的方法进行操作，得到需要的数据。XPath 选择器中包含的部分操作方法如表 5-15 所示。

表 5-15　XPath 选择器中包含的部分操作方法

方法	描述
extract()	提取文本数据
extract_first()	提取第一个元素

技能点 5　数据存储

在 Scrapy 中只需在"scrapy crawl"命令后面使用"-o"参数指定导出的文件名称即可将数据保存到指定的文件中。文件格式包括 JSON、CSV、XML 等。语法格式如下所示。

```
scrapy crawl 爬虫文件名称 path
```

由于使用"scrapy crawl"命令存储数据只能以固定的方式进行，便捷性较差，这时可以使用 Scrapy 中的管道对数据进行进一步处理后，再将其存储到指定的目标中，步骤如下。

第一步：修改 settings.py 文件，添加 ITEM_PIPELINES 参数，启用管道，代码如下所示。

```
ITEM_PIPELINES = {
    'Newscrapy.pipelines.NewscrapyPipeline': 300,
}
```

- Newscrapy：项目名称。
- pipelines：管道文件名称。
- NewscrapyPipeline：类名称。
- 300：管道执行的优先级，数字越小，优先级越高。

第二步：在爬虫文件中，通过 yield 关键字将实例化后的字段对象传递到管道文件中，代码如下所示。

```python
import scrapy
# 导入 NewscrapyItem 类
from newSpider.items import NewscrapyItem
class MyspiderSpider(scrapy.Spider):
    # 定义 spider 名称
    name = 'MySpider'
    # 定义允许爬取的域名
    allowed_domains = ['scrapy.org']
    # 定义爬取地址
    start_urls = ['http://scrapy.org/']
    #parse 调用 parse() 网页处理方法
    def parse(self, response):
        item=NewscrapyItem()
        item["name"]=" 值 "
        yield item
```

第三步：修改管道文件，在数据传输的不同阶段选择不同的方法对数据进行处理，代码如下所示。

```
class NewscrapyPipeline:
    def __init__(self):
        # 初始化内容
    def process_item(self, item, spider):
        # 数据操作内容
        # 获取字段值
        name=item["name"]
        return item
    def close_spider(self, spider):
        # 关闭时内容
```

XPath 选择器中包含的部分操作方法如表 5-16 所示。

表 5-16　XPath 选择器中包含的部分操作方法

方法	描述
__init__(self)	用于数据接收前的初始化操作,如数据库的连接、文件的创建等
process_item(self, item, spider)	用于对接收数据进行处理,可通过"item[" 字段 "]"的方式获取字段的值
open_spider(self, spider)	用于在爬虫运行时调用
close_spider(self, spider)	用于在爬虫关闭时调用

第一步：进入项目,打开 items.py 文件,创建名为"CourseItem"的类并定义相关的字段,代码如下所示。

```
# -*- coding: utf-8 -*-
# Define here the models for your scraped items
#
# See documentation in:
# https://doc.scrapy.org/en/latest/topics/items.html
import scrapy
class ScrapyprojectItem(scrapy.Item):
    # define the fields for your item here like:
```

```
    # name = scrapy.Field()
    pass
class CourseItem(scrapy.Item):
    # 课程标题
    title=scrapy.Field();
    # 课程路径
    url=scrapy.Field();
    # 标题图片地址
    image_url=scrapy.Field();
    # 报名人数
    peoples=scrapy.Field();
```

第二步:在命令窗口,输入"cd ScrapyProject"打开项目,然后输入"scrapy genspider MySpider www.imooc.com/course/list"命令,创建爬虫文件,效果如图 5-11 所示。

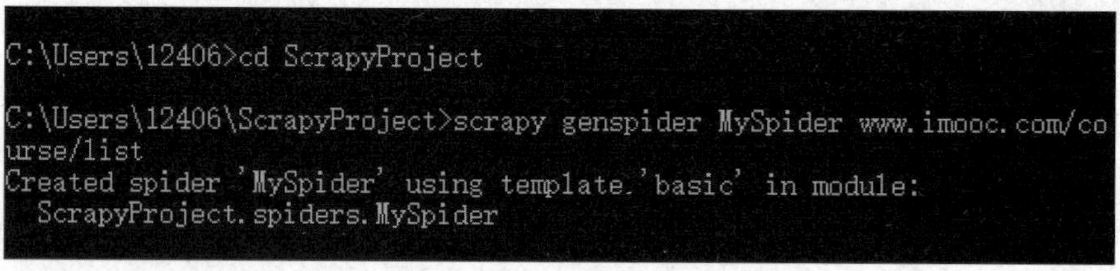

```
C:\Users\12406>cd ScrapyProject

C:\Users\12406\ScrapyProject>scrapy genspider MySpider www.imooc.com/co
urse/list
Created spider 'MySpider' using template 'basic' in module:
  ScrapyProject.spiders.MySpider
```

图 5-11　创建爬虫文件

其中,爬虫文件代码如下所示。

```
# -*- coding: utf-8 -*-
import scrapy
class MyspiderSpider(scrapy.Spider):
    name = "MySpider"
    allowed_domains = ["www.imooc.com"]
    start_urls = ["http://www.imooc.com/"]
    def parse(self, response):
        pass
```

第三步:编辑 MySpider.py 文件,导入 Selector 并解析 Response 对象,然后使用 XPath 方式选取所有列表内容,代码如下所示。

```
# -*- coding: utf-8 -*-
import scrapy
# 导入选择器
from scrapy.selector import Selector
class MyspiderSpider(scrapy.Spider):
    name = "MySpider"
    allowed_domains = ["imooc.com"]
    start_urls = ["http://www.imooc.com/course/list"]
    def parse(self, response):
        sel = Selector(response)
        # 使用 xpath 的方式选取所有列表内容
        sels = sel.xpath('//a[@class="item free "]')
```

第四步：继续编辑 MySpider.py 文件，导入 items.py 文件中定义的类并实例化一个信息保存容器，遍历列表获取所有内容并赋值给容器进行保存，代码如下所示。

```
# -*- coding: utf-8 -*-
import scrapy
# 导入选择器
from scrapy.selector import Selector
# 导入 items.py 文件中定义的类
from ScrapyProject.items import CourseItem
class MyspiderSpider(scrapy.Spider):
    name = "MySpider"
    allowed_domains = ["imooc.com"]
    start_urls = ["http://www.imooc.com/course/list"]
    def parse(self, response):
        sel = Selector(response)
        # 使用 xpath 的方式选取所有列表内容
        sels = sel.xpath('//a[@class="item free "]')
        # 实例一个容器保存爬取的信息
        item = CourseItem()
        # 遍历所有列表
        for box in sels:
            # 获取课程标题
            item['title']=box.xpath('.//p[@class="title ellipsis2"]/text()').extract()[0].strip()
            # 获取课程路径
            item['url'] = 'http:' + box.xpath('.//@href').extract()[0]
            # 获取标题图片地址
```

```
                    item['image_url']='http:'+ box.xpath('.//div[@class="img"]/@style').extract()[0]
[23:-2]
                    # 获取报名人数
                    item['peoples']=         box.xpath('.//p[@class="one"]/text()').extract()[0].strip().
split("•")[1][1:-3]
                    # 迭代处理 item, 返回一个生成器
                    yield item
```

第五步：通过以上几个步骤只能实现单个页面的爬虫，为了爬取网站所有数据，需要添加爬取下一页功能。编辑 MySpider.py 文件，判断当前获取的页面是否存在下一页，如果存在则爬取下一页，之后再重复判断，直到不存在下一页为止，代码如下所示。

```python
# -*- coding: utf-8 -*-
import scrapy
# 导入选择器
from scrapy.selector import Selector
# 导入 items.py 文件中定义的类
from ScrapyProject.items import CourseItem
pageIndex = 0
class MyspiderSpider(scrapy.Spider):
    name = 'MySpider'
    allowed_domains = ['imooc.com']
    # 定义爬虫路径
    start_urls = ['http://www.imooc.com/course/list']
    def parse(self, response):
        # 实例一个容器保存爬取的信息
        item = CourseItem()
        # 解析 Response 对象
        sel = Selector(response)
        # 使用 xpath 的方式选取所有列表内容
        sels = sel.xpath('//a[@class="course-card"]')
        index = 0
        global pageIndex
        pageIndex += 1
        print(' 第 ' + str(pageIndex) + ' 页 ')
        print('--------------------------------------------')
        # 遍历所有列表
        for box in sels:
            # 获取 div 中的课程标题
```

```
            item['title']    =   box.xpath('.//h3[@class="course-card-name"]/text()').extract()[0].strip()
            # 获取 div 中的课程简介
            item['introduction'] = box.xpath('.//p/text()').extract()[0].strip()
            # 获取每个 div 中的课程路径
            item['url'] = 'http://www.imooc.com' + box.xpath('.//@href').extract()[0]
            # 获取 div 中的标题图片地址
            item['image_url'] = box.xpath('.//img/@src').extract()[0]
            index += 1
            # 迭代处理 item，返回一个生成器
            yield item
        next = u' 下一页 '
        url = response.xpath("//a[contains(text(),'" + next + "')]/@href").extract()
        if url:
            # 将信息组合成下一页的 url
            page = 'http://www.imooc.com' + url[0]
            # 返回 url
            yield scrapy.Request(page, callback=self.parse)
```

第六步：在命令窗口输入"scrapy crawl MySpider -o data.csv"命令运行项目，进行页面信息爬虫，效果如图 5-12 所示。

图 5-12 运行项目

爬取完成后，将爬取到的信息保存到 data.csv 文件中。打开项目文件夹，查看文件夹内容会发现当前文件夹中生成了一个 data.csv 文件，如图 5-13 所示。

图 5-13 查看文件生成效果

打开 data.csv 文件，查看文件内容，出现如图 5-14 所示的爬取信息说明页面爬取成功。

图 5-14 查看文件生成效果

通过对 Scrapy 相关知识学习，读者了解了 Scrapy 相关概念、操作命令以及项目结构，掌握了 Scrapy 中字段的自定义、数据采集功能定义、选择器使用以及数据存储等内容，并能够运用所学知识，使用 Scrapy 框架完成网页数据的采集。

Engine	引擎
Scheduler	计划
Pipeline	管道
Fetch	取来
Crawl	爬行
Parse	语法分析
Robots	机器人
Telnet	协议
Domains	领域
Extractor	提取器

1. 选择题

（1）Scrapy Engine 主要用来处理整个系统的数据流（　　）。
A. 触发事务　　　　　B.Request 请求　　　　C.Response 响应　　　　D. 中间通信

（2）Scrapy Engine 负责的内容不包括（　　）。
A.Spider Middlewares　　　　　　B.ItemPipeline
C.Downloader　　　　　　　　　　D.Scheduler

（3）以下命令中用于创建爬虫文件的是（　　）。
A.runspider　　　　B.genspider　　　　C.startproject　　　　D.crawl

（4）爬虫文件中爬取一般网站使用的参数为（　　）。
A.SitemapSpider　　B.XMLFeedSpider　　C.CSVFeedSpider　　D.CrawlSpider

（5）Scrapy 框架中自带的选择器有（　　）种。
A. 一　　　　　　　B. 二　　　　　　　C. 三　　　　　　　D. 四

2. 简答题

（1）简述 Scrapy 框架的项目结构。
（2）简述 Scrapy 框架实现页面爬取的流程。

项目六　基于 Scrapy-Redis 分布式实现网页数据采集

　　在 Python 中，使用 Scrapy 进行互联网数据的抓取和提取，当数据量较大时，会花费很长时间，导致项目开发周期延长。Scrapy-Redis 解决了 Scrapy 单机数据的采集问题。Scrapy-Redis 是基于 Scrapy 的分布式爬虫的扩展，它将 Redis 作为分布式队列的后端，并且使多个爬虫节点可以共享同一份待爬取的 URL 列表，避免重复爬取。本项目通过对 Redis 数据库以及 Scrapy-Redis 框架相关知识的讲解，最终实现网站页面内容的分布式获取。

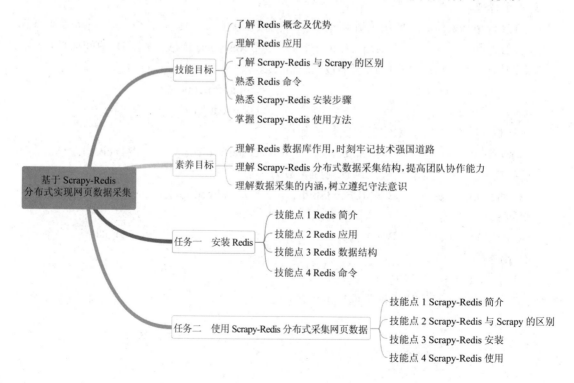

任务一　安装 Redis

Redis 是一个开源的高性能键值对存储数据库，支持多种数据结构，包括字符串（String）、哈希（Hash）、列表（List）、集合（Set）和有序集合（Sorted Set）。Redis 以内存为数据存储介质，并使用异步的方式将数据写入磁盘。本任务主要实现 Redis 数据库的安装，并在任务实现过程中，对 Redis 概念、Redis 应用、数据结构以及 Redis 命令的使用进行讲解。

● Redis 的 Windows 安装文件下载。
● 安装文件解压。
● Redis 配置文件修改。
● 启动 Redis 服务。
● 打开 Redis 客户端并验证。

技能点 1　Redis 简介

Redis（Remote Dictionary Server）最初是由 Salvatore Sanfilippo 基于 C 语言编写的，是一款开源的基于内存的键值对存储数据库，根据 BSD 许可证发布，主要用作数据库、缓存和消息中间件。并且，Redis 可以使用 C 语言编写的客户端库与多种编程语言交互，如 Python、Java 和 Ruby 等。另外，Redis 还提供了可配置的持久化选项，允许将部分或全部数据写入磁盘，以便在重启时自动加载数据。Redis 图标如图 6-1 所示。

图 6-1　Redis 图标

相比于传统的关系型数据库，Redis 不仅在数据模型、存储方式方面存在着极大的区别，在功能特性方面，Redis 也有着极大的优势，具体如下。

● 高性能。Redis 以内存作为数据存储介质，与传统的磁盘存储相比，在读写速度上有很大的优势，因此访问 Redis 数据通常是非常快速的。

● 高可用性。Redis 提供了高可用性的解决方案，包括主从复制、哨兵机制及 Redis Cluster 等，这些机制可以保证 Redis 服务即使在节点故障或者网络出现问题时也能始终可用。

● 事务处理和 Lua 脚本扩展。Redis 提供的事务处理机制和 Lua 脚本扩展功能，使得通过一次操作可以同时对多个 Redis 指令进行处理，同时可以使用 Lua 脚本扩展更灵活地处理复杂的计算逻辑。

● 支持持久化。Redis 可以通过 RDB 和 AOF 两种方式支持数据的持久化，将数据保存到硬盘上以保证数据的可靠性。

● 易于使用和部署。Redis 具有非常简单的 API 接口，易于使用。同时，Redis 支持多平台，并可以通过容器化技术快速部署到云端或本地服务器上。

素养提升：科技强国

过去，我国的数据库市场主要被海外产品垄断，如 Oracle、SQL Server 和 MySQL。21 世纪初期，一些国产数据库开始建立，并依托科研机构逐渐发展，如人大金仓、达梦数据、南大通用和神舟通用等。但由于海外巨头的强势，这些国产数据库发展得并不顺利。随着互联网技术的发展和中国信息产业的兴起，2009 年以后，拉开了数据库本土化替代的序幕。2014 年至今，随着国家政策的推动，国产数据库迎来了快速发展时期，如 GaussDB、PolarDB 等。目前，国产数据库正处于百花齐放的阶段，呈现出多样化、创新性的趋势。

技能点 2　Redis 应用

由于 Redis 所有的数据都存储在内存中，所以它可以以非常快的速度进行数据的处理。这一特点使得 Redis 成为一个流行的键值对存储系统，在缓存、会话管理、消息队列、计数器等应用中广泛应用。

（1）缓存

由于 Redis 的读取和写入速度非常快，并且能够支持从简单的键值对到复杂结构的数据的缓存，因此常被用作高速缓存数据库。例如，Redis 对 Web 页面中 HTML、CSS、图片等静态数据的缓存，可以提高网站的访问性能。Redis 缓存如图 5-2 所示。

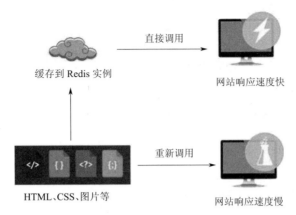

图 6-2　Redis 缓存

（2）会话管理

在 Web 应用中，Redis 可以用来存储 Web 服务器和客户端之间的会话信息。将这些信息存储在 Redis 中可以提高 Web 应用程序的性能，并可以确保即使发生故障，也可以通过重启 Web 应用程序来恢复会话状态。Redis 会话管理如图 6-3 所示。

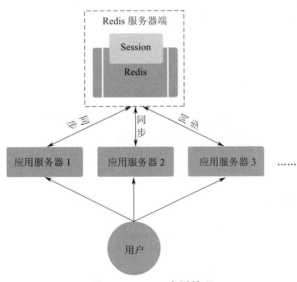

图 6-3　Redis 会话管理

（3）消息队列

Redis 支持发布和订阅的消息传递机制，可以作为轻量级的消息代理使用。使用 Redis 作为消息队列可以实现异步任务处理、延迟任务调度等场景。Redis 消息队列如图 6-4 所示。

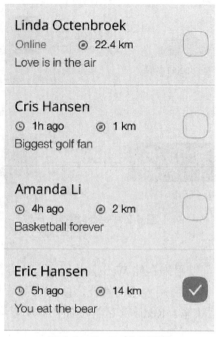

图 6-4　Redis 消息队列

（4）计数器

Redis 的原子操作特性，可以通过 Redis 的自增、自减命令对某个键的值进行高效更新，从而实现计数器功能。Redis 计数器如图 6-5 所示。

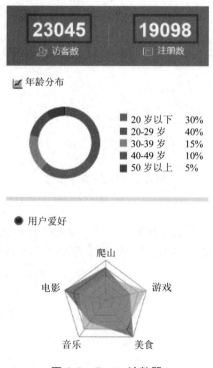

图 6-5　Redis 计数器

技能点 3　Redis 数据结构

Redis 除了支持常规的字符串（String）类型外，还支持多种数据结构，包括哈希表（Hash）、列表（List）、集合（Set）、有序集合（Zset）等。并且，Redis 还针对不同的数据结构提供多种操作命令，如存储、读取、更新和删除等。这些命令可以帮助开发人员轻松地处理各种数据存储需求。

（1）字符串（String）

字符串是 Redis 中最基本的数据类型，可以存储任何类型的数据，包括文本、二进制数据和整数值。Redis 中字符串存储如图 6-6 所示。

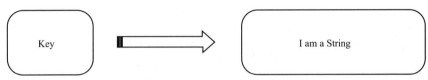

图 6-6　Redis 中字符串存储

Redis 对字符串实现了非常高效的读写操作，也支持按照偏移量进行读取等操作。目前，Redis 中的字符串操作命令如表 6-1 所示。

表 6-1　字符串操作命令

命令	描述
SET key value	设置指定 key 的值
GET key	获取指定 key 的值
MGET key1 key2 .. keyn	获取一个或多个给定 key 的值
GETRANGE key start end	截取得到的子字符串，截取范围由 start 和 end 两个偏移量决定
GETBIT key offset	获取指定偏移量上的位（bit）
SETBIT key offset	设置或清除指定偏移量上的位（bit）
SETNX key value	在 key 不存在时设置 key 的值
SETRANGE key offset value	用 value 参数覆写给定 key 所储存的字符串值
STRLEN key	返回 key 所储存的字符串值的长度
MSET key1 value1 key2 value2 .. keyn valuen	同时设置一个或多个 key-value 对
INCR key	将 key 中储存的数字值加 1
DECR key	将 key 中储存的数字值减 1
APPEND key value	为指定的 key 追加值

（2）哈希表（Hash）

哈希表是一个键值对集合，其中每个键都对应一个值。相较于使用单个字符串存储多个键值对，哈希表在存储一组键值对时通常只占用较少的内存空间，因此比较适合存储关联数据。Redis 中哈希表存储如图 6-7 所示。

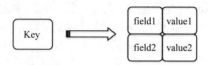

图 6-7　Redis 中哈希表存储

Redis 中的哈希表操作命令如表 6-2 所示。

表 6-2　哈希表操作命令

命令	描述
HSET key field value	将哈希表中 key 的 field 字段的值设为 value
HMSET key field1 value1...key fieldn valuen	同时将多个 field-value（域 - 值）对存储到哈希表 key 中
HDEL key field1.. fieldn	删除一个或多个哈希表字段
HEXISTS key field	查看哈希表的 key 中是否存在指定的字段
HGET key field	获取哈希表的 key 中指定字段的值
HGETALL key	获取哈希表中 key 的所有字段和值
HKEYS key	获取哈希表中 key 的所有字段
HLEN key	获取哈希表中 key 的所有字段的数量
HMGET key field1.. fieldn	获取哈希表中 key 的所有指定字段的值
HVALS key	获取哈希表中 key 的所有字段的值

（3）列表（List）

列表是一个有序的字符串列表的集合，其中每个元素都被赋予一个数字索引。Redis 中列表存储如图 6-8 所示。

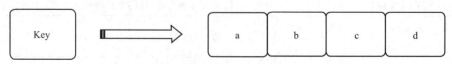

图 6-8　Redis 中列表存储

因为列表中元素的排列顺序固定，因此 Redis 的列表能够进行快速的插入和删除操作，也可以用作队列或堆栈。Redis 中的列表操作命令如表 6-3 所示。

表 6-3 列表操作命令

命令	描述
LPUSH key value1 .. valuen	将一个或多个值插入列表头部
LPUSHX key value	将一个值插入已存在的列表头部
RPUSH key value1 .. valuen	将一个或多个值插入列表尾部
RPUSHX key value	将一个值插入已存在的列表尾部
LPOP key	移出并获取列表的第一个元素
RPOP key	移出并获取列表的最后一个元素
LINDEX key index	使用索引对列表中的元素进行获取
LINSERT key BEFORE|AFTER pivot value	在列表中指定元素的前或者后进行元素的插入
LLEN key	获取列表长度
LRANGE key start stop	获取列表指定范围内的元素
LREM key count value	移除列表元素
LSET key index value	使用索引进行列表中元素值的设置

（4）集合（Set）

集合是唯一的无序元素集合。Redis 中集合存储如图 6-9 所示。

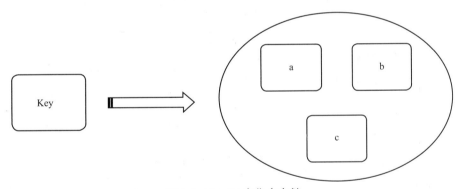

图 6-9　Redis 中集合存储

集合类型除了支持添加、删除操作以及判断某个元素是否在集合中外，还提供了并集、交集及差集等集合运算。Redis 中的集合操作命令如表 6-4 所示。

表 6-4 集合操作命令

命令	描述
SADD key member1 .. membern	向集合添加一个或多个成员
SCARD key	获取集合的成员数
SDIFF key1 .. keyn	获取第一个集合在其他集合中不存在的成员

命令	描述
SDIFFSTORE destination key1 .. keyn	获取第一个集合在其他集合中不存在的成员并将其存储到 destination 中
SINTER key1 .. keyn	获取指定集合的交集
SINTERSTORE destination key1 .. keyn	获取指定集合的交集并将其存储到 destination 中
SISMEMBER key member	判断集合 key 中是否存在 member 成员
SMEMBERS key	获取集合中存在的所有成员
SMOVE source destination member	将 source 集合中的 member 成员移动到 destination 中
SPOP key	移除指定集合
SREM key member1 .. membern	移除集合中的一个或多个成员
SUNION key1 .. keyn	获取指定集合的并集
SUNIONSTORE destination key1 .. keyn	获取指定集合的并集,并将其存储到 destination 中

（5）有序集合（Zset）

有序集合与集合类似,但每个元素都关联一个分数（score）,用于排序,因此有序集合在实现排行榜及范围查询等场景中非常有用。Redis 中有序集合存储如图 6-10 所示。

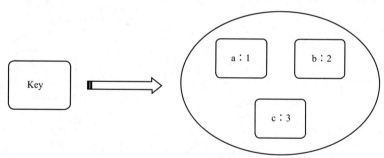

图 6-10　Redis 中有序集合存储

Redis 提供了各种命令来处理这些有序集合,例如按范围获取成员、按分数获取成员以及在集合中排名等。Redis 中的有序集合操作命令如表 6-5 所示。

表 6-5　有序集合操作命令

命令	描述
ZADD key score1 member1 .. scoren membern	向有序集合添加一个或多个成员
ZCARD key	获取有序集合的成员数
ZCOUNT key min max	获取有序集合中指定 score 区间的成员数
ZINTERSTORE destination numkeys key .. keyn	获取多个有序集合的交集并将其存储到 destination 中

续表

命令	描述
ZLEXCOUNT key min max	获取有序集合中指定 member 区间的成员数
ZRANGE key start stop [WITHSCORES]	获取有序集合中指定索引区间的成员
ZRANGEBYLEX key min max [LIMIT offset count]	获取有序集合中指定 member 区间的成员
ZRANGEBYSCORE key min max [WITHSCORES] [LIMIT]	获取有序集合中指定 score 区间的成员
ZRANK key member	获取有序集合中指定成员的索引
ZREM key member1 ...membern	移除有序集合中一个或多个成员
ZREMRANGEBYLEX key min max	移除有序集合中指定 member 区间的成员
ZREMRANGEBYRANK key start stop	移除有序集合中指定索引区间的成员
ZREMRANGEBYSCORE key min max	移除有序集合中指定 score 区间的成员
ZREVRANGE key start stop [WITHSCORES]	获取有序集合中指定索引区间的成员，并按 score 从高到低排序
ZREVRANGEBYSCORE key max min [WITHSCORES]	获取有序集合中指定 score 区间的成员，并按 score 从高到低排序
ZREVRANK key member	获取有序集合中指定成员的排名，并按 score 从高到低排序
ZSCORE key member	获取有序集合中指定成员的 score
ZUNIONSTORE destination numkeys key1...keyn	获取多个有序集合的并集并将其存储到 destination 中

技能点 4　Redis 命令

Redis 除提供数据结构的操作命令外，还提供启动命令、连接命令等。

（1）启动命令

Redis 启动命令根据是否指定配置文件可分为直接启动方式和指定配置文件启动方式两种。直接启动方式只需双击"redis-server.exe"文件即可完成 Redis 的启动。而指定配置文件启动方式，则在命令窗口进行，需在安装路径的根路径下的命令窗口中使用 redis-server.exe 命令结合配置文件路径启动 Redis。语法格式如下。

```
redis-server.exe redis.windows.conf
```

（2）连接命令

在 Redis 中，连接命令用于连接 Redis 服务，并与 Redis 数据库建立连接后打开 Redis 客户端，可通过 redis-cli.exe 命令实现。语法格式如下。

```
redis-cli -h host -p port -a password
```

连接命令参数说明如表 6-6 所示。

表 6-6　连接命令参数说明

参数	描述
-h	用于指定主机
-p	用于指定端口
-a	用于指定认证密码

打开 Redis 客户端后,即可通过 Redis 提供的其他命令进行 Redis 连接的操作,如验证密码正确性、查看服务运行状态、关闭连接等。Redis 其他命令如表 6-7 所示。

表 6-7　Redis 其他命令

命令	描述
AUTH password	验证密码是否正确
ECHO message	打印指定字符串
PING	查看服务是否运行
QUIT	关闭当前连接
SELECT index	切换到指定的数据库

第一步:打开浏览器,进入"https://github.com/MicrosoftArchive/redis/releases"下载 Redis 的 Windows 安装文件,如图 6-11 所示。

图 6-11　下载 Redis 的 Windows 安装文件

第二步：安装文件下载完成后，解压该文件即可。Redis 安装文件内容如图 6-12 所示。

名称	修改日期	类型	大小
dump.rdb	2023/4/26 10:49	RDB 文件	1 KB
EventLog.dll	2023/4/26 10:31	应用程序扩展	1 KB
Redis on Windows Release Notes.do...	2023/4/26 10:31	DOCX 文档	13 KB
Redis on Windows.docx	2023/4/26 10:31	DOCX 文档	17 KB
redis.windows.conf	2023/4/26 10:33	CONF 文件	43 KB
redis.windows-service.conf	2023/4/26 10:31	CONF 文件	43 KB
redis-benchmark.exe	2023/4/26 10:31	应用程序	397 KB
redis-benchmark.pdb	2023/4/26 10:31	PDB 文件	4,268 KB
redis-check-aof.exe	2023/4/26 10:31	应用程序	251 KB
redis-check-aof.pdb	2023/4/26 10:31	PDB 文件	3,436 KB
redis-check-dump.exe	2023/4/26 10:31	应用程序	262 KB
redis-check-dump.pdb	2023/4/26 10:31	PDB 文件	3,404 KB
redis-cli.exe	2023/4/26 10:31	应用程序	471 KB
redis-cli.pdb	2023/4/26 10:31	PDB 文件	4,412 KB
redis-server.exe	2023/4/26 10:31	应用程序	1,517 KB
redis-server.pdb	2023/4/26 10:31	PDB 文件	6,748 KB
Windows Service Documentation.docx	2023/4/26 10:31	DOCX 文档	14 KB

图 6-12　Redis 安装文件内容

第三步：打开 Redis 的配置文件 redis.windows.conf，设置端口号和密码，效果如图 6-13 和图 6-14 所示。

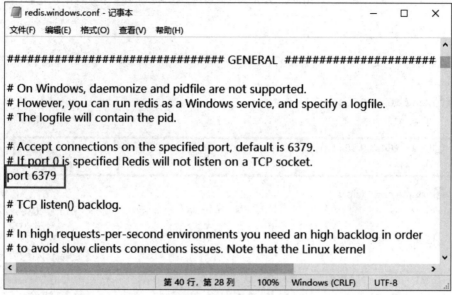

图 6-13　设置端口号

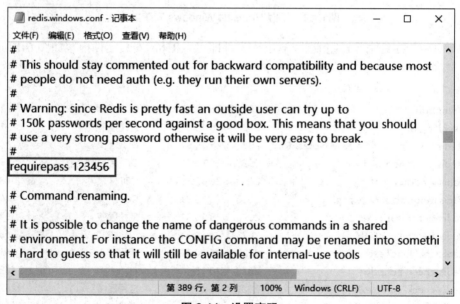

图 6-14　设置密码

第四步：打开命令窗口，切换到 Redis 安装目录，之后使用 redis-server.exe 命令结合配置文件启动 Redis 服务，命令如下所示。

redis-server.exe redis.windows.conf

效果如图 6-15 所示。

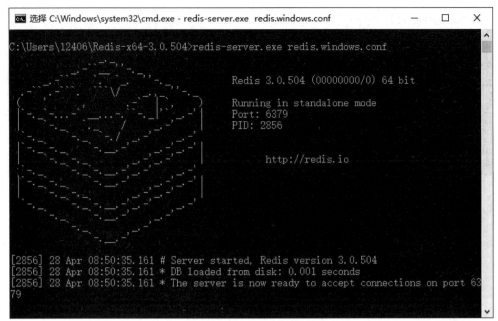

图 6-15　启动 Redis 服务

第五步：重新打开一个新的命令窗口并切换到 Redis 安装目录，使用 redis-cli.exe 命令打开 Redis 客户端，命令如下所示。

.\redis-cli.exe -p 6379

效果如图 6-16 所示。

图 6-16　打开 Redis 客户端

第六步：验证密码的正确性以及 Redis 服务是否连接成功，命令如下所示。

127.0.0.1:6379> AUTH 123 456
127.0.0.1:6379> PING

效果如图 6-17 所示。

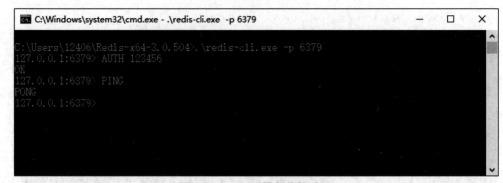

图 6-17 Redis 服务连接验证

任务二 使用 Scrapy-Redis 分布式采集网页数据

Scrapy-Redis 是 Scrapy 框架的一个开源扩展,其使用 Redis 数据库来管理爬取队列,实现多个进程之间的任务调度和协作,并且支持在不同机器上的分布式爬取。本任务将通过 Scrapy-Redis 完成对网页数据的分布式采集,并在任务实现过程中对 Scrapy-Redis 的概念、Scrapy-Redis 与 Scrapy 的区别、Scrapy-Redis 的安装以及 Scrapy-Redis 的使用流程等内容进行讲解。

- settings.py 文件修改。
- pipelines.py 文件修改。
- 爬虫文件修改。
- Scrapy-Redis 项目运行。
- Redis 的 key 值设置。
- 数据采集验证。

技能点 1　Scrapy-Redis 简介

Scrapy-Redis 是一个用于分布式爬虫的 Scrapy 插件，它基于 Redis 实现了 Scrapy 框架的调度器、去重队列和统计信息收集器功能，提供了更方便的配置方法和更高效的数据处理能力。Scrapy-Redis 的主要特点如下。

● 分布式爬取。使用 Redis 作为队列和数据存储，可以启动多个 Scrapy 爬虫实例同时抓取同一个网站，从而实现分布式爬取。

● 去重处理。Scrapy-Redis 支持去重处理，这意味着即使有多个爬虫实例同时运行，也不会出现重复爬取的情况。

● 自定义中间件。Scrapy-Redis 提供了一些默认的中间件，如 RedisSpiderMiddleware 和 RedisPipeline，用户也可以自定义中间件来满足其特定需求。

● 爬虫状态监控。Scrapy-Redis 提供了一个 Web 管理页面，用来监控每个爬虫实例的状态、队列情况等信息。

另外，使用 Scrapy-Redis 构建的爬虫可以在多个节点上运行，而且每个节点都可以爬取数据，然后将数据汇总到一起。这种方式大大提高了爬取效率，适用于数据量较大或者需要频繁更新的网站。Scrapy-Redis 整体架构如图 6-18 所示。

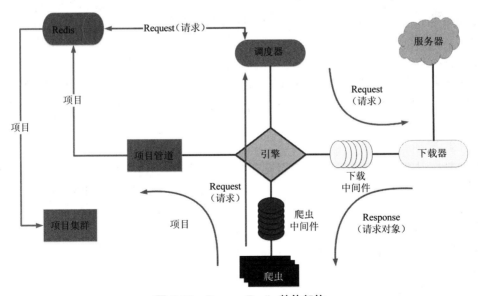

图 6-18　Scrapy-Redis 整体架构

从实现机制来看，与 Scrapy 相比 Scrapy-Redis 增加了 Redis 数据库组件，作为分布式爬虫的中央存储,用存实现爬虫任务的调度和数据的共享。具体工作流程如下。

第一步:Scrapy-Redis 启动时,首先从 Redis 中获取一个起始 URL,并将其加入 Scrapy 的待爬取队列。

第二步:当有多个爬虫节点运行时,每个节点都会从 Redis 中获取 URL,并完成相应的抓取任务。

第三步:爬虫节点在处理完一个 URL 后,会将新的 URL 加入 Redis 的待爬取队列,供其他节点继续抓取。这样就可以实现多个节点之间的 URL 去重和任务分配。

第四步:如果某个 URL 被多个爬虫同时爬取到,只有最先访问 Redis 并获取该 URL 的爬虫节点才能抓取成功,其他爬虫节点则无法获取该 URL,从而避免了重复下载数据的情况。

第五步:在爬虫爬取的过程中,如果发现目标页面包含需要跟进的链接,则将这些 URL 添加到 Redis 的待爬取队列,等待其他节点抓取。

总体来说,Scrapy-Redis 通过将 Spider 的爬取调度、去重、数据处理等功能放在 Redis 数据库中实现了分布式爬虫的高效开发和部署。Scrapy-Redis 的工作流程结构简单,且足够强大和灵活,适用于各种规模的分布式爬虫爬取任务。

技能点 2　Scrapy-Redis 与 Scrapy 的区别

简单来说,Scrapy 是用 Python 编写的一个开源网络爬虫框架,用于抓取网站数据。而 Scrapy-Redis 是基于 Scrapy 框架扩展的一个 Redis 分布式组件,它使得 Scrapy 可以轻松实现分布式爬取。除此之外,Scrapy-Redis 与 Scrapy 在分布式爬取、调度器、去重、数据存储、配置动态修改等方面也存在着极大的不同。

(1)分布式爬取

Scrapy 只支持单机爬取。而 Scrapy-Redis 通过使用 Redis 作为分布式调度器,支持多机爬取,提高爬取效率和速度。

(2)调度器

Scrapy 使用内置的调度器进行 URL 管理和控制爬取流程。而 Scrapy-Redis 使用 Redis 作为调度器,支持多个爬虫进程同时读写同一个 Redis 队列,提供更好的并发管理和任务调度。

(3)去重

Scrapy 默认采用基于内存的去重策略,并且会在爬取过程结束后清空内存。而 Scrapy-Redis 使用 Redis 数据库作为去重集合,可以对所有爬虫进行去重,避免重复爬取。

(4)数据存储

Scrapy 可以将爬取到的数据存储到本地文件、数据库等多种形式中,如 SQL 数据库、NoSQL 数据库。而 Scrapy-Redis 使用 Redis 作为数据存储和交换的中心节点,将数据存储到 Redis 中,方便后续处理。

(5)配置动态修改

Scrapy-Redis 支持通过 Redis 数据库动态修改 Scrapy 的配置参数,比如下载延迟时间、User-Agent 等。而 Scrapy 无法动态修改配置参数。

技能点 3　Scrapy-Redis 安装

Scrapy-Redis 的安装非常简单，具体步骤如下。

第一步：安装 Python 的 Redis 第三方库，只需通过 pip 即可完成安装，命令如下所示。

```
pip install redis
```

效果如图 6-19 所示。

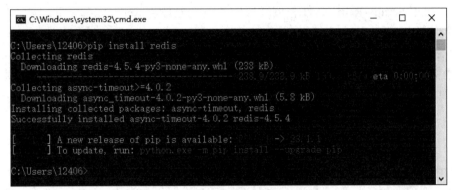

图 6-19　Python 的 Redis 库安装

第二步：进行 Scrapy-Redis 的安装，这里同样选择 pip 方式，命令如下所示。

```
pip install scrapy-redis
```

效果如图 6-20 所示。

图 6-20　Scrapy-Redis 安装

技能点 4　Scrapy-Redis 使用

Scrapy-Redis 是一个在 Scrapy 框架中使用的插件，它将分布式爬虫与 Redis 数据库结合使用。因此，在 Scrapy-Redis 进行开发之前，需要充分了解 Scrapy 框架的基本知识，如 Spider、Item、Pipeline 等概念和原理。Scrapy-Redis 的使用方法与 Scrapy 基本相同，不同之处在于 Scrapy-Redis 需要在 Scrapy 项目中添加 Redis 设置，具体包括修改 settings.py 文件中的参数、编写 Spider 代码和 Pipeline 代码等。使用时需要注意正确设置 Redis 服务器地址和端口、启用 Scrapy-Redis 组件和调度器以及正确处理从 Redis 队列中获取的 URL 并将结果存储到 Redis 数据库中。

（1）settings.py 文件修改

配置文件的修改是 Scrapy-Redis 项目不可或缺的一个步骤，主要包括 Redis 调度器的使用、允许项目的暂停和恢复、优先级调度设置以及 Redis 连接配置等。Scrapy-Redis 常用配置属性如表 6-8 所示。

表 6-8　Scrapy-Redis 常用配置属性

属性	描述
SCHEDULER	Redis 调度器设置，参数值为 "scrapy_redis.scheduler.Scheduler"
SCHEDULER_PERSIST	是否允许暂停和恢复
SCHEDULER_QUEUE_CLASS	优先级调度设置，如 "scrapy_redis.queue.SpiderPriorityQueue"
REDIS_HOST	Redis 主机地址
REDIS_PORT	Redis 端口

（2）爬虫文件修改

Scrapy-Redis 项目是 Scrapy 项目的升级，想要实现分布式数据采集功能，需要在爬虫文件中创建一个继承 Spider 类的 RedisSpider 类，并对从 Redis 中读取 URL 队列的 key 值进行设置，语法格式如下所示。

```
import scrapy
from scrapy_redis.spiders import RedisSpider
class MySpider(RedisSpider):
    name = 'myspider'
    redis_key = 'myspider:start_urls'
    def parse(self, response):
        pass
```

需要注意的是，如果想爬取多个站点，则可以创建多个爬虫类，每个类对应不同的 Redis key。

(3)Scrapy-Redis 项目运行

相比于 Scrapy 项目使用"scrapy crawl"命令运行，Scrapy-Redis 项目运行前需要先启动 Redis 服务，之后使用"scrapy runspider"命令运行，这时 Scrapy 会自动从 Redis 中读取 URL 队列，并分布式爬取，语法格式如下所示。

```
# myspider.py 为爬虫文件名称
scrapy runspider myspider.py
```

第一步：使用编码工具打开前面创建的名为"ScrapyProject"的 Scrapy 项目，将其修改为 Scrapy-Redis 项目，并对 settings.py 文件进行修改，代码如下所示。

```
# 启用调度将请求存储进 Redis
SCHEDULER = "scrapy_redis.scheduler.Scheduler"
# 确保所有 Spider 通过 Redis 共享相同的重复过滤
DUPEFILTER_CLASS = "scrapy_redis.dupefilter.RFPDupeFilter"
# 管道
ITEM_PIPELINES = {
    'ScrapyProject.pipelines.ScrapyprojectPipeline': 200,
}
# 指定连接到 Redis 时要使用的主机和端口
REDIS_HOST = 'localhost'
REDIS_PORT = 6379
# 不清理 Redis 队列，允许暂停/恢复抓取
SCHEDULER_PERSIST = True
# 指定连接到 Redis 时要使用的密码
REDIS_PARAMS = {
    'password': '123 456'
}
```

第二步：修改 pipelines.py 管道文件，将采集的数据存储到本地文本文件中，代码如下所示。

```
import json
import pandas as pd
from itemadapter import ItemAdapter
class ScrapyprojectPipeline:
    # 项目运行时调用
    def open_spider(self, spider):
        # 创建 data1.txt 文件并打开
        self.f = open('data1.txt', 'w', encoding='utf-8')
    # 对接收数据进行处理
    def process_item(self, item, spider):
        # 格式化数据
        data = json.dumps(dict(item), ensure_ascii=False) + '\n'
        # 将数据写入 data1.txt 文件
        self.f.write(data)
        return item
    # 项目运行时调用
    def close_spider(self, spider):
        # 关闭 data1.txt 文件
        self.f.close()
```

第三步：修改爬虫文件，引入 RedisSpider 类后，对 Redis 的 key 值进行设置，代码如下所示。

```
import scrapy
# 导入选择器
from scrapy.selector import Selector
# 导入 items.py 文件中定义的类
from ScrapyProject.items import CourseItem
pageIndex = 0
# 导入 RedisSpider
from scrapy_redis.spiders import RedisSpider
class MyspiderSpider(RedisSpider):
    name = "MySpider"
    # allowed_domains = ["imooc.com"]
    # start_urls = ["http://www.imooc.com/course/list"]
    # 设置 Redis 的 key 值
    redis_key = 'db:start_urls'
    def parse(self, response):
        sel = Selector(response)
```

```python
# 使用 xpath 的方式选取所有列表内容
sels = sel.xpath('//a[@class="item free "]')
index = 0
global pageIndex
pageIndex += 1
print(' 第 ' + str(pageIndex) + ' 页 ')
print('---------------------------------------------')
# 实例一个容器保存爬取的信息
item = CourseItem()
# 遍历所有列表
for box in sels:
    # 获取课程标题
    item['title'] = box.xpath('.//p[@class="title ellipsis2"]/text()').extract()[0].strip()
    # 获取课程路径
    item['url'] = 'http:' + box.xpath('.//@href').extract()[0]
    # 获取标题图片地址
    item['image_url'] = 'http:' + box.xpath('.//div[@class="img"]/@style').extract()[0][23:-2]
    # 获取报名人数
    item['peoples'] = box.xpath('.//p[@class="one"]/text()').extract()[0].strip().split("•")[1][1:-3]
    # 迭代处理 item,返回一个生成器
    yield item
next = u' 下一页 '
url = response.xpath("//a[contains(text(),'" + next + "')]/@href").extract()
if url:
    # 将信息组合成下一页的 url
    page = 'http://www.imooc.com' + url[0]
    # 返回 url
    yield scrapy.Request(page, callback=self.parse)
```

第四步:复制"ScrapyProject"并重命名为"ScrapyProject2",效果如图 6-21 所示。

第五步:重新打开两个命令窗口,分别运行"ScrapyProject"和"Scrapy Project2",效果如图 6-22 和图 6-23 所示。

```
∨ ■ ScrapyProject
    > ■ .idea
    ∨ ■ ScrapyProject
        ∨ ■ spiders
            ■ __init__.py
            ■ MySpider.py
        ■ __init__.py
        ■ items.py
        ■ middlewares.py
        ■ pipelines.py
        ■ settings.py
    ■ scrapy.cfg
∨ ■ ScrapyProject2
    > ■ .idea
    ∨ ■ ScrapyProject
        ∨ ■ spiders
            ■ __init__.py
            ■ MySpider.py
        ■ __init__.py
        ■ items.py
        ■ middlewares.py
        ■ pipelines.py
        ■ settings.py
    ■ scrapy.cfg
```

图 6-21　项目复制

```
C:\Windows\system32\cmd.exe - scrapy runspider MySpider.py

'scrapy.downloadermiddlewares.useragent.UserAgentMiddleware',
'scrapy.downloadermiddlewares.retry.RetryMiddleware',
'scrapy.downloadermiddlewares.redirect.MetaRefreshMiddleware',
'scrapy.downloadermiddlewares.httpcompression.HttpCompressionMiddleware',
'scrapy.downloadermiddlewares.redirect.RedirectMiddleware',
'scrapy.downloadermiddlewares.cookies.CookiesMiddleware',
'scrapy.downloadermiddlewares.httpproxy.HttpProxyMiddleware',
'scrapy.downloadermiddlewares.stats.DownloaderStats']
2023-05-04 10:55:00 [scrapy.middleware] INFO: Enabled spider middlewares:
['scrapy.spidermiddlewares.httperror.HttpErrorMiddleware',
'scrapy.spidermiddlewares.offsite.OffsiteMiddleware',
'scrapy.spidermiddlewares.referer.RefererMiddleware',
'scrapy.spidermiddlewares.urllength.UrlLengthMiddleware',
'scrapy.spidermiddlewares.depth.DepthMiddleware']
2023-05-04 10:55:00 [scrapy.middleware] INFO: Enabled item pipelines:
['ScrapyProject.pipelines.ScrapyprojectPipeline']
2023-05-04 10:55:00 [scrapy.core.engine] INFO: Spider opened
2023-05-04 10:55:00 [scrapy.extensions.logstats] INFO: Crawled 0 pages (a
t 0 pages/min), scraped 0 items (at 0 items/min)
2023-05-04 10:55:00 [scrapy.extensions.telnet] INFO: Telnet console liste
ning on 127.0.0.1:6023
```

图 6-22　运行 "ScrapyProject"

图 6-23 运行"ScrapyProject2"

这时可以看到这两个项目均处于等待状态。

第六步：重新进入 Redis 客户端，使用"LPUSH"命令设置 Scrapy-Redis 项目接收的 key 值，命令如下所示。

LPUSH db:start_urls http://www.imooc.com/course/list

效果如图 6-24 所示。

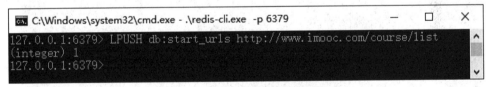

图 6-24 在 Redis 写入 key 值

第七步：重新进入 Scrapy-Redis 项目运行窗口，"ScrapyProject"和"ScrapyProject2"采集效果如图 6-25 和图 6-26 所示。

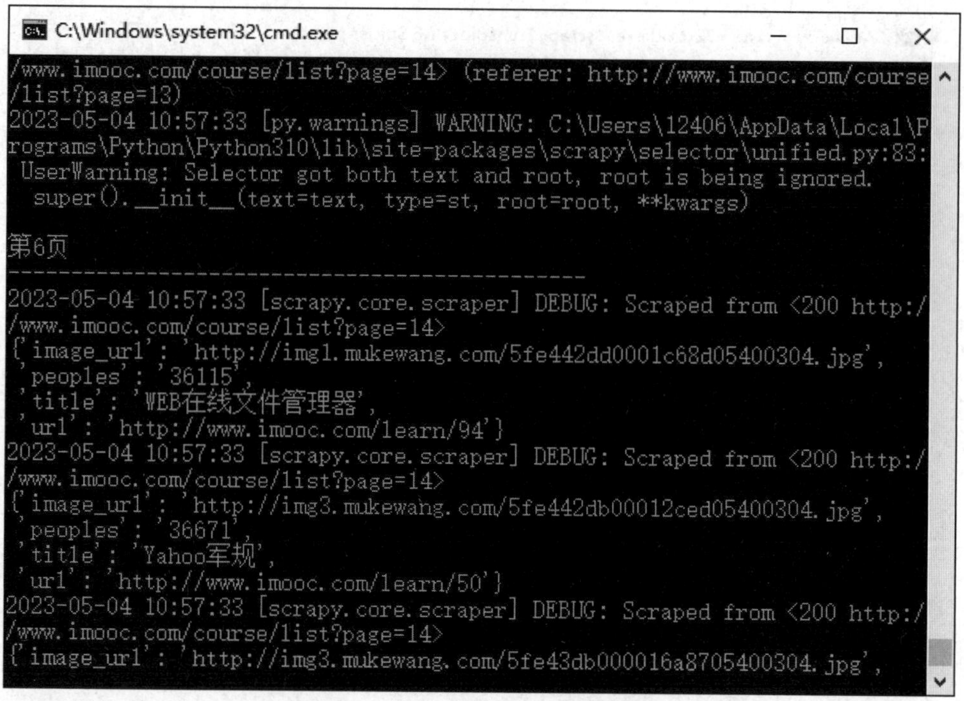

图 6-25 "ScrapyProject"采集效果

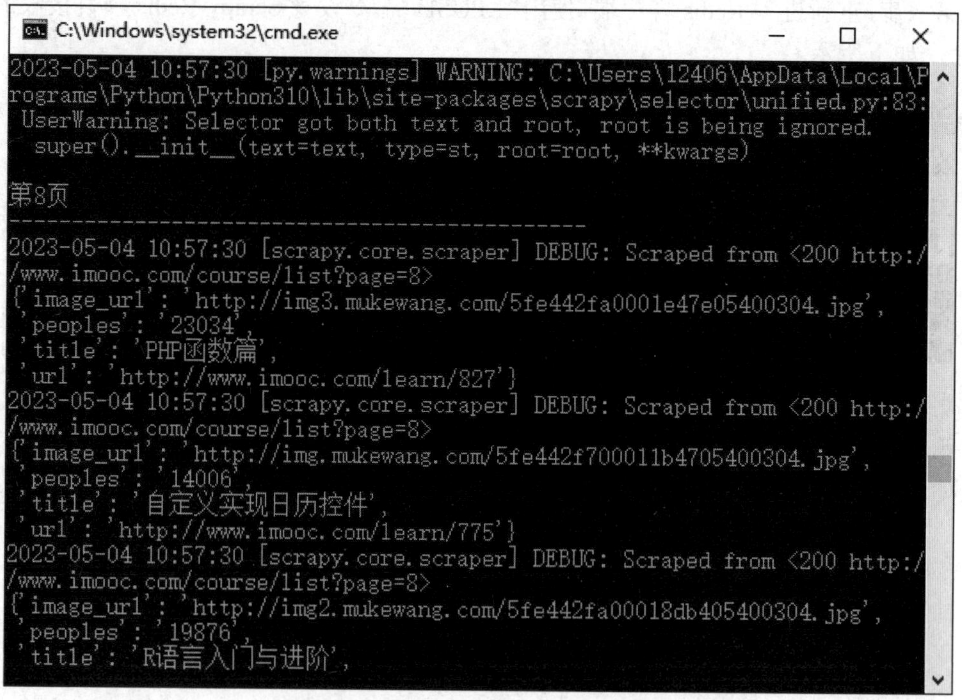

图 6-26 "ScrapyProject2"采集效果

第八步：Scrapy-Redis 项目在采集完成后，会一直处于等待状态，这时可以通过"Ctrl + C"键结束项目，完成数据采集。

第九步：由于已将数据存储至本地文件中，因此分别打开两个 data1.txt 文件，验证数据采集是否成功，效果如图 6-27 和图 6-28 所示。

```
184  {"title": "PHP无限级分类技术", "url": "http://www.imooc.com/learn/201", "image_u
185  {"title": "初识HTML(5)+CSS(3)-升级版", "url": "http://www.imooc.com/learn/9", ":
186  {"title": "反射——Java高级开发必须懂的", "url": "http://www.imooc.com/learn/199",
187  {"title": "PHP面向对象编程", "url": "http://www.imooc.com/learn/184", "image_url
188  {"title": "文件传输基础——Java IO流", "url": "http://www.imooc.com/learn/123", "i
189  {"title": "PHP入门篇", "url": "http://www.imooc.com/learn/54", "image_url": "ht
190  {"title": "PDO-数据库抽象层", "url": "http://www.imooc.com/learn/164", "image_ur
191  {"title": "JavaScript进阶篇", "url": "http://www.imooc.com/learn/10", "image_ur
192  {"title": "Android高级Root技术原理解析", "url": "http://www.imooc.com/learn/153",
193  {"title": "站在巨人的肩膀上写代码-SPL", "url": "http://www.imooc.com/learn/150", '
194  {"title": "揭秘PHP模糊查询技术", "url": "http://www.imooc.com/learn/155", "image_
195  {"title": "JavaScript入门篇", "url": "http://www.imooc.com/learn/36", "image_ur
196  {"title": "PHP中的数据传输神器cURL", "url": "http://www.imooc.com/learn/132", "in
197  {"title": "数据库设计那些事", "url": "http://www.imooc.com/learn/117", "image_url
198  {"title": "PHP实现验证码制作", "url": "http://www.imooc.com/learn/115", "image_u
199  {"title": "Java入门第一季（IDEA工具）升级版", "url": "http://www.imooc.com/learn/8
200  {"title": "Fiddler工具使用", "url": "http://www.imooc.com/learn/37", "image_url
201  {"title": "WEB在线文件管理器", "url": "http://www.imooc.com/learn/94", "image_ur
202  {"title": "Yahoo军规", "url": "http://www.imooc.com/learn/50", "image_url": "h
203  {"title": "焦点图轮播特效", "url": "http://www.imooc.com/learn/18", "image_url":
204  {"title": "JSON应用场景与实战", "url": "http://www.imooc.com/learn/68", "image_u
```

图 6-27 "ScrapyProject" 采集数据

```
300  {"title": "iOS之ReactiveCocoa框架", "url": "http://www.imooc.com/learn/807", "i
301  {"title": "C#面向对象编程", "url": "http://www.imooc.com/learn/806", "image_url
302  {"title": "vagrant打造跨平台可移动的开发环境", "url": "http://www.imooc.com/learn/8
303  {"title": "不一样的自定义实现轮播图效果", "url": "http://www.imooc.com/learn/793",
304  {"title": "重定向和伪静态在网站中的应用", "url": "http://www.imooc.com/learn/798",
305  {"title": "Android依赖管理与私服搭建", "url": "http://www.imooc.com/learn/800", "
306  {"title": "RBAC打造通用web管理权限", "url": "http://www.imooc.com/learn/799", "im
307  {"title": "即时通讯项目里面的语音处理-基础实现篇", "url": "http://www.imooc.com/learn
308  {"title": "Android视频播放器", "url": "http://www.imooc.com/learn/788", "image_u
309  {"title": "iOS开发之Realm数据库", "url": "http://www.imooc.com/learn/797", "imag
310  {"title": "微服务架构在二手交易平台（转转）中的实践", "url": "http://www.imooc.com/le
311  {"title": "Android基础教程-SQLite高级操作", "url": "http://www.imooc.com/learn/74
312  {"title": "PHP扩展安装指南", "url": "http://www.imooc.com/learn/757", "image_url
313  {"title": "带您完成神秘的涟漪按钮效果-入门篇", "url": "http://www.imooc.com/learn/74
314  {"title": "Android-实用的App换肤功能", "url": "http://www.imooc.com/learn/782", '
315  {"title": "PHP+AJAX实现表格实时编辑", "url": "http://www.imooc.com/learn/754", "i
316  {"title": "Linux 智能DNS", "url": "http://www.imooc.com/learn/768", "image_url'
317  {"title": "Android网络框架-OkHttp使用", "url": "http://www.imooc.com/learn/764",
318  {"title": "PHP进阶篇-GD库图像处理", "url": "http://www.imooc.com/learn/701", "ima
319  {"title": "带你实现别样的Android侧滑菜单", "url": "http://www.imooc.com/learn/740"
320  {"title": "Ruby语言快速入门", "url": "http://www.imooc.com/learn/765", "image_ur
```

图 6-28 "ScrapyProject2" 采集数据

通过结果可以看出，两个文件中数据的总条数为 524，说明 Scrapy-Redis 项目分布式采集成功。

通过对 Scrapy-Redis 相关知识的学习，读者对 Redis 的概念、应用、常用命令有所了解，对 Scrapy-Redis 与 Scrapy 的区别、Scrapy-Redis 的安装步骤以及 Scrapy-Redis 的使用流程等内容有所了解并掌握，并能够使用 Scrapy-Redis 完成网页数据的分布式采集。

Remote	遥远的
Dictionary	词典
Field	领域
Scheduler	调度程序
Persist	保持
Queue	队列

1. 选择题

（1）Redis 最初是由 Salvatore Sanfilippo 基于（　　）语言编写的。
A.C　　　　　　　B.C++　　　　　　C.Python　　　　　　D.R

（2）redis-cli.exe 命令不能使用的参数有（　　）。
A.-h　　　　　　　B.-p　　　　　　　C.-o　　　　　　　　D.-a

（3）Redis 可以通过（　　）种方式来支持数据的持久化。
A.一　　　　　　　B.二　　　　　　　C.三　　　　　　　　D.四

（4）下列配置属性中，用于设置 Redis 调度器的是（　　）。
A.SCHEDULER_PERSIST　　　　　　B.SCHEDULER_QUEUE_CLASS
C.SCHEDULER　　　　　　　　　　D.REDIS_HOST

（5）下列命令中，用于将一个或多个值插入列表头部的是（　　）。
A.SET key value　　　　　　　　　B.LPUSH key value1 .. valuen
C.HSET key field value　　　　　　D.SADD key member1 .. membern

2. 简答题

（1）简述 Redis 优势。
（2）简述 Scrapy-Redis 工作流程。

项目七　基于自动化测试工具实现网页数据采集

项目导言

　　Selenium 模块是一个 Web 应用程序测试工具。在爬虫的应用中,通过前面的学习了解到 Requests 模块能模拟浏览器发送请求,而 Selenium 模块能控制浏览器发送请求,并能够和获取的网页中的元素进行交互。因此,只要是浏览器发送请求能得到的数据,Selenium 模块也能直接得到,但 Selenium 模块一次只能加载一个页面,无法异步渲染页面,这就限制了 Selenium 爬虫的抓取效率。Splash 是一个类似于 Selenium 的自动化浏览器测试工具,它通过暴露 HTTP API 来自动化操作。Splash 可以实现异步渲染页面,即可以同时渲染几个页面。其缺点是在页面点击和模拟登录方面没有 Selenium 模块灵活易用。本项目通过对 Selenium 模块与 Splash 相关知识的学习,最终实现网站页面内容的获取。

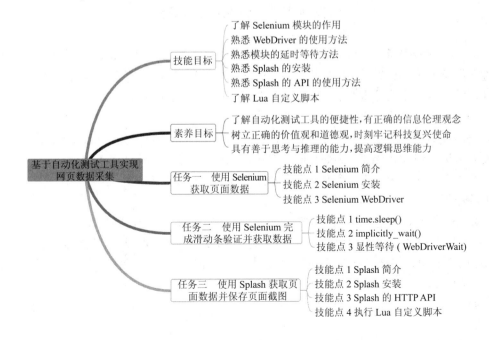

任务一　使用 Selenium 获取页面数据

Selenium 通过强大的 WebDriver 类，可以很方便地对页面中的元素进行数据获取或模拟用户操作。本任务主要对 Selenium 简介、Selenium 安装以及 Selenium WebDriver 进行讲解，并通过以下步骤完成使用 Selenium 获取页面数据的操作。

- 分析目标页面。
- 对页面元素进行获取。
- 将获取到的数据输出并验证。

技能点 1　Selenium 简介

Selenium 是 Web 的自动化测试工具，最初是为网站自动化测试而开发的，它可以直接运行在浏览器上，支持所有主流浏览器。Selenium 发展至今，不仅在自动化测试和自动化流程开发领域占据重要位置，而且在网络爬虫方面也被广泛使用。

Selenium 本身并不带浏览器，需要与第三方浏览器结合使用才能实现浏览器的功能。同时，Selenium 也提供了一些辅助工具和库，例如 Selenium IDE、Selenium Grid 等，可以帮助开发人员进行自动化测试。Selenium 主要由以下三种工具组成。

- Selenium IDE，是一个基于浏览器扩展的自动化测试工具，它可以记录用户在浏览器中的操作，并生成可执行的脚本。
- WebDriver，是 Selenium 的核心组件之一，它提供了一种 API，使得开发人员可以使用不同的编程语言来控制浏览器进行测试和操作。WebDriver 支持多种浏览器（如 Chrome、Firefox、Safari 等），并且可以通过 Selenium 提供的各种工具和技术来模拟用户的行为，例如鼠标点击、键盘输入、页面截图等。
- Selenium Grid，是一个分布式测试框架，它允许将测试负载分配到多个计算机和浏览器上运行,从而提高测试效率和可靠性。Selenium Grid 需要与 WebDriver 一起使用,并且要进行相应的配置和设置才能正常工作。

技能点 2　Selenium 安装

Selenium 支持多种浏览器,本任务以 Google Chrome 作为讲述对象。搭建 Selenium 开发环境需要安装 Selenium 库并配置 Google Chrome 的 WebDriver。安装 Selenium 库可以使用 pip 指令完成,具体的安装指令如下所示。安装成功后的效果如图 7-1 所示。

```
pip install selenium
```

图 7-1　安装 Selenium

Selenium 安装完成后,在 cmd 环境下验证 Selenium 是否安装成功,如图 7-2 所示。

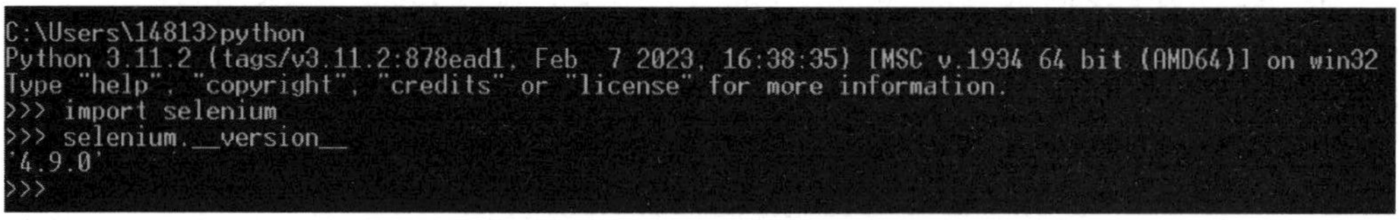

图 7-2　验证是否安装成功

从图 7-2 可知,已在 Python 的交互模式下成功导入 Selenium 库,且当前 Selenium 库的版本信息为 4.9.0。

Selenium 安装完成后,安装 Google Chrome 的 WebDriver。

步骤一:打开 Google Chrome 并查看当前的版本信息。单击浏览器右上角的"更多选项"图标→"帮助"→"关于 Google Chrome",如图 7-3 所示。

关于 Chrome

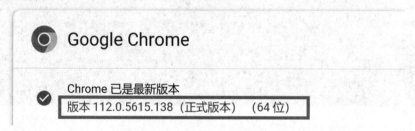

图 7-3　查看 Chrome 版本信息

从图 7-3 可知,当前 Google Chrome 的版本为 112.0.5615.138(正式版本)。

步骤二:进入 https://chromedriver.storage.googleapis.com/index.html 页面,根据版本信息找到与之对应的 WebDriver 版本,如图 7-4 所示。

```
← → C     🔒 chromedriver.storage.googleapis.com/index.html

📁  109.0.5414.25                                        -
📁  109.0.5414.74                                        -
📁  110.0.5481.30                                        -
📁  110.0.5481.77                                        -
📁  111.0.5563.19                                        -
📁  111.0.5563.41                                        -
📁  111.0.5563.64                                        -
📁  112.0.5615.28                                        -
📁  112.0.5615.49                                        -
📁  113.0.5672.24                                        -
```

图 7-4　选择与版本对应的 WebDriver 版本

步骤三:进入对应版本的目录后,依据本机操作系统选择对应的文件进行下载,这里选择 Windows 版本,如图 7-5 所示。

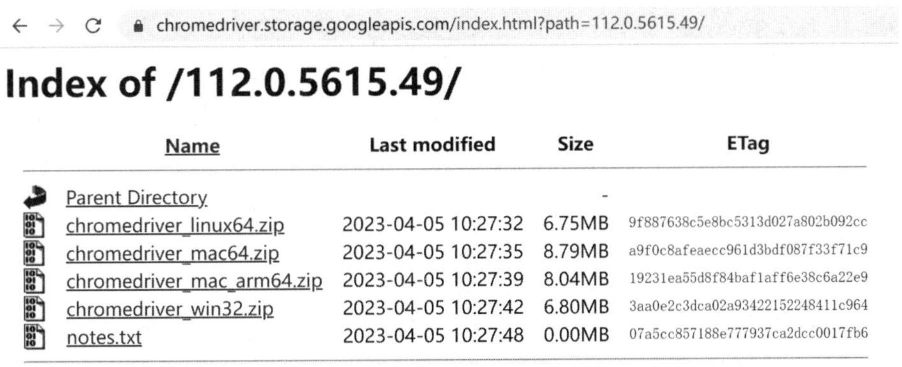

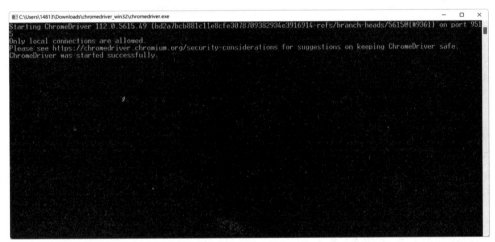

图 7-5　选择本机系统版本进行下载

步骤四：把下载的 chromedriver_win32.zip 进行解压,然后双击运行 chromedriver.exe,查看 chromedriver 的版本信息,如图 7-6 所示。

图 7-6　运行 chromedriver.exe

步骤五：确认 chromedriver 的版本信息无误之后,将 chromedriver.exe 直接放入 Python 的安装目录,如图 7-7 所示。

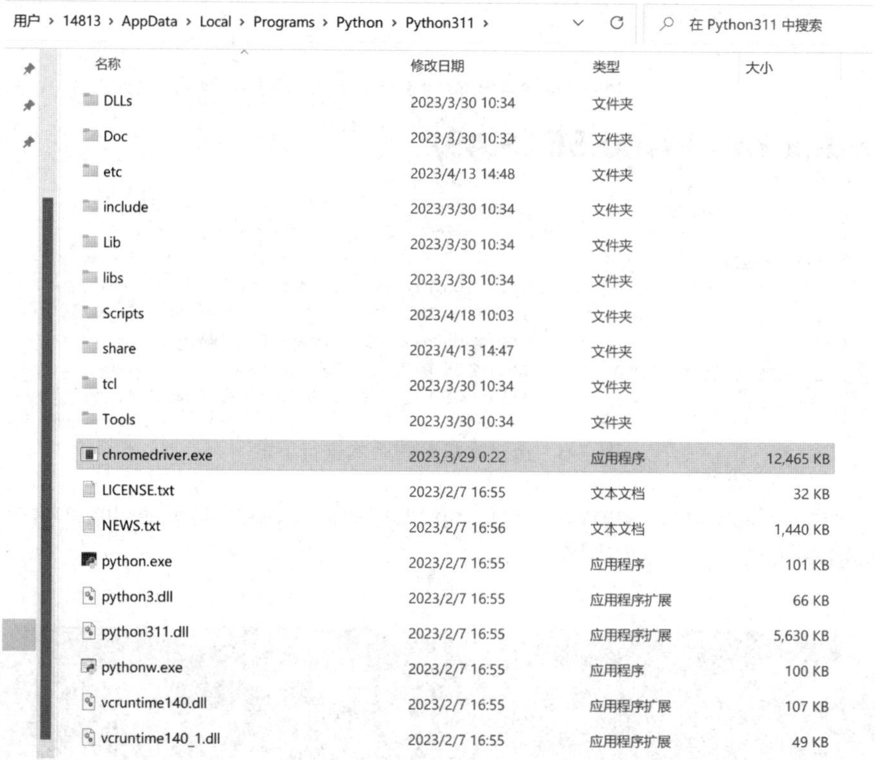

图 7-7　放入 Python 目录

步骤六：完成 Selenium 库的安装以及 chromedriver 的配置后，创建一个 chromedriverTest.py 文件。编写以下代码验证 Selenium 能否自动启动并控制 Google Chrome，代码如下。

```
# 导入 Selenium 的 webdriver 类
from selenium import webdriver
# 设置变量 url，用于浏览器访问
url = 'https://www.baidu.com/'
# 将 webdriver 类实例化，将浏览器设定为 Google Chrome
driver= webdriver.Chrome()
# 打开浏览器并访问百度网页
driver.get(url)
```

代码运行后，程序会自动打开一个新的 Google Chrome，在浏览器左上角会有"Chrome 正受到自动测试软件的控制。"提示，如图 7-8 所示。

图 7-8 使用代码运行 chromedriver

技能点 3　Selenium WebDriver

Selenium 通过使用 WebDriver 支持市场上所有主流浏览器自动化。WebDriver 是一个 API 和协议，它定义了一个语言中立的接口，用于控制 Web 浏览器的行为。每个浏览器都有一个特定的 WebDriver，称为驱动程序，负责处理 Selenium 和浏览器之间的通信。

（1）Selenium 浏览器操作方法

Selenium 虽不自带浏览器，但 WebDriver 实例中提供了很多操作浏览器的方法，用于对浏览器本身进行操作，例如刷新、前进、后退等。WebDriver 常用浏览器操作方法如表 7-1 所示。

表 7-1　WebDriver 常用浏览器操作方法

操作方法	描述
webdriver.Chrome() 或 webdriver.Firefox()	打开一个指定的浏览器窗口
webdriver.get()	导航到指定的网页
WebDriver.maximize_window()	窗口最大化
WebDriver.add_cookie()	创建指定 Cookies
WebDriver.get_cookies()	获取 Cookies
WebDriver.delete_cookie()	删除指定 Cookies
WebDriver.delete_all_cookies()	删除全部 Cookies
WebDriver.save_screenshot()	保存屏幕截图
WebDriver.forward()	前进
WebDriver.back()	后退
WebDriver.refresh()	刷新
WebDriver.close()	关闭当前的浏览器窗口
WebDriver.quit()	不仅关闭窗口，还会彻底退出 WebDriver，释放与 driver server 之间的连接

（2）鼠标操作方法

鼠标操作方法由 Selenium 的 ActionChains 类实现，必须将 ActionChains 类实例化后才能调用其中的方法。WebDriver 常用鼠标操作方法如表 7-2 所示。

表 7-2 WebDriver 常用鼠标操作方法

操作方法	说明
ActionChains.perform()	执行鼠标事件
ActionChains.reset_actions()	取消鼠标事件
ActionChains.click()	鼠标单击
ActionChains.click_and_hold()	长按鼠标左键
ActionChains.context_click()	长按鼠标右键
ActionChains.double_click()	鼠标双击
ActionChains.drag_and_drop()	对元素长按左键并移动到另一个元素的位置后释放鼠标
ActionChains.drag_and_drop_by_offset()	对元素长按左键并移动到指定的坐标位置
ActionChains.move_to_element()	将鼠标移动到某个元素所在的位置
ActionChains.move_to_element_with_offset()	将鼠标移动到某个元素并偏移一定的位置
ActionChains.pause()	设置暂停执行时间，单位为毫秒
ActionChains.release()	释放鼠标长按操作

（3）Selenium 定位页面元素方法

Selenium 使用 find_element() 方法来定位页面元素。find_element() 方法只用于定位元素，它需要两个参数。第一个参数是定位的类型，由 By 模块提供；第二个参数是对应类型的值，在使用 By 模块之前需要先导入。语法如下所示。

```
from selenium.webdriver.common.by import By
# 将 WebDriver 类实例化，将浏览器设定为 Google Chrome
driver= webdriver.Chrome()
driver.find_element(By, value)
```

By 模块的 8 种定位器如表 7-3 所示。

表 7-3 By 模块的 8 种定位器

定位器	描述
By.CLASS_NAME	定位 class 属性与搜索值匹配的元素（不允许使用复合类名）
By.CSS_SELECTOR	定位 CSS 选择器匹配的元素
By.ID	定位 id 属性与搜索值匹配的元素

续表

定位器	描述
By.NAME	定位 name 属性与搜索值匹配的元素
By.LINK_TEXT	定位 link text 可视文本与搜索值完全匹配的锚元素
By.PARTIAL_LINK_TEXT	定位 link text 可视文本部分与搜索值部分匹配的锚点元素，如果匹配多个元素，则只选择第一个元素
By.TAG_NAME	定位标签名称与搜索值匹配的元素
By.XPATH	定位与 XPath 表达式匹配的元素

find_element() 的返回结果是一个 WebElement 对象。WebElement 对象是 Selenium 中所有元素的父类。WebElement 对象包含的属性或方法如表 7-4 所示。

表 7-4 WebElement 对象包含的属性或方法

属性或方法	描述
WebElement.get_attribute()	标签的属性值
WebElement.is_selected()	标签是否被选中
WebElement.is_displayed()	标签是否显示
WebElement.is_enabled()	标签是否可用
WebElement.send_keys()	对标签进行赋值
WebElement.tag_name()	标签的名称
WebElement.click()	单击标签
WebElement.text	标签的文本内容
WebElement.size	标签的大小
WebElement.location	标签的位置坐标

如果查找的目标在网页中只有一个，可以使用 find_element() 方法，但如果有多个满足要求的节点，用 find_element() 方法就只能得到第一个节点。所以查找多个节点时，使用 find_elements() 方法更好。find_elements() 方法的使用方法和 find_element() 方法相同，但 find_elements() 方法的返回结果是一个包含所有符合条件的 WebElement 对象的列表，如果未找到，则返回一个空列表。

素养提升：知其然更要知其所以然

在使用 Selenium 自动化测试工具时，由于程序执行速度很快，人无法清楚地观察到每一步发生了什么，但每一步的原理必须弄清楚，而且需要动手实操，这样才能掌握自动化测试爬虫的应用。俗话说"看花容易绣花难"，做任何事情都要实践，实践是检验真理的唯一标准。就像伟大的科学家爱迪生一样，经过不断的科学试验发明了电灯。所以，不管是学习还是研究，一定要躬身笃行。信书不如无书，要把知识和经验有机结合起来，通过实践印证知识，根据实践需要积极获取真正的知识。

第一步：使用 By.ID 和 By.Name 定位网页的搜索框，并在搜索框里输入文本信息。文本框的元素信息如图 7-9 所示。

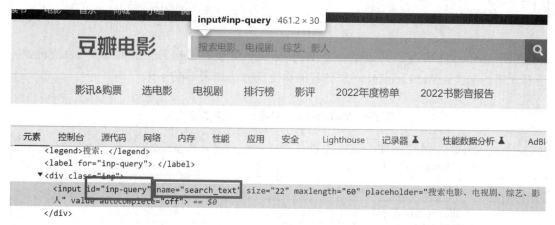

图 7-9　文本框的元素信息

使用对应的方法对浏览器进行自动化操作的代码如下所示。

```
from selenium import webdriver
from selenium.webdriver.common.by import By
url = 'https://movie.douban.com/'
driver = webdriver.Chrome()
driver.get(url)
# 使用定位进行定位
driver.find_element(By.ID, 'inp-query').send_keys(' 灌篮高手 ')
driver.find_element(By.TAG_NAME, 'search_text').send_keys(' 我不是药神 ')
```

代码执行结果如图 7-10 所示。

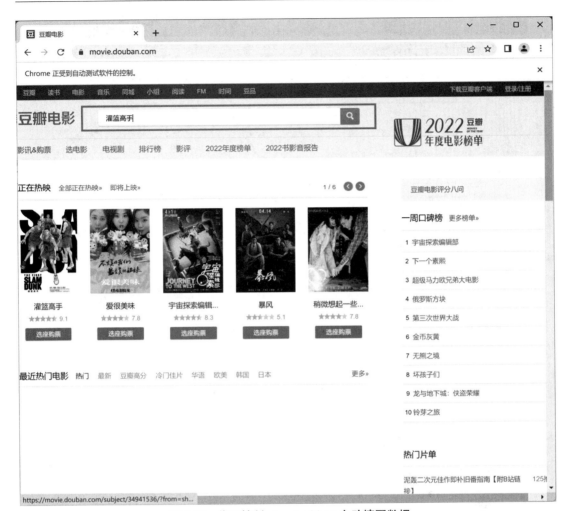

图 7-10　代码控制 chromedriver 自动填写数据

第二步：使用 By.CLASS_NAME 定位 class 属性值为 nav-items 的标签，By.TAG_NAME 定位 HTML 里面第一个〈div〉标签，两者定位元素后，再使用 text 方法获取元素值并输出。两个导航栏的元素信息如图 7-11 所示。

图 7-11 两个导航栏的元素信息

使用对应的方法对浏览器进行自动化操作的代码如下所示。

```
from selenium import webdriver
from selenium.webdriver.common.by import By
url = 'https://movie.douban.com/'
driver = webdriver.Chrome()
driver.get(url)

class_name = driver.find_element(By.CLASS_NAME, 'nav-items').text
tag_name = driver.find_element(By.TAG_NAME, 'div').text

print(' 由 class_name 定位:', class_name)
print(' 由 tag_name 定位:', tag_name)
```

代码运行效果如图 7-12 所示。

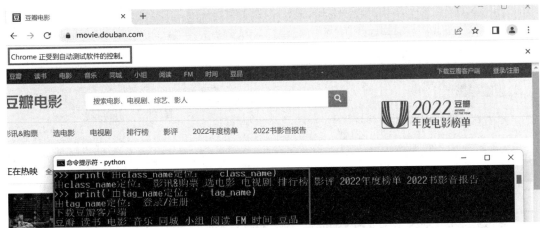

图 7-12　获取两个导航栏的文本内容

第三步：对网页中含有"排行榜"和"部正在热映"的内容进行定位，"排行榜"在网页中只出现一次，所以使用 By.LINK_TEXT 对内容进行精准定位，而"部正在热映"是网页内容"全部正在热映»"的部分内容，于是使用 By.PARTIAL_LINK_TEXT 进行模糊匹配，如图 7-13 所示。

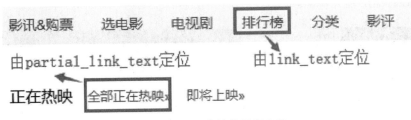

图 7-13　需要定位的元素内容

使用对应的方法对浏览器进行自动化操作的代码如下所示。

```
from selenium import webdriver
from selenium.webdriver.common.by import By
url = 'https://movie.douban.com/'
driver = webdriver.Chrome()
driver.get(url)

link_text = driver.find_element(By.LINK_TEXT, ' 排行榜 ').text
partial_text = driver.find_element(By.PARTIAL_LINK_TEXT, ' 部正在热映 ').text

print(' 由 link_text 定位:', link_text)
print(' 由 partial_link_text 定位:', partial_text)
```

代码运行效果如图 7-14 所示。

图 7-14 通过模糊查找获取元素内容

第四步:在 Google Chrome 的元素标签页里,找到元素的位置并单击鼠标右键,选择"Copy",然后选择"复制 Xpath"或"复制 selector"获取相应的语法,如图 7-15 所示。

使用 Xpath 和 CSS_SELECTOR 定位 class 属性值为 nav-logo 的〈div〉标签里的〈a〉标签,再获取该标签的值并输出。

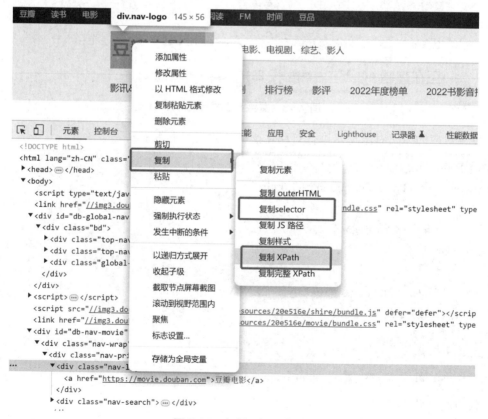

图 7-15 复制 XPath 链接

对得到的页面元素进行自动化测试的代码如下所示。

```python
from selenium import webdriver
from selenium.webdriver.common.by import By
url = 'https://movie.douban.com/'
driver = webdriver.Chrome()
driver.get(url)

xpath = driver.find_element(By.XPATH,
                '//*[@id="db-nav-movie"]/div[1]/div/div[1]/a').text
selector = driver.find_element(By.CSS_SELECTOR,
                '#db-nav-movie > div.nav-wrap > div > div.nav-logo > a').text

print(' 由 Xpath 定位：', xpath)
print(' 由 css selector 定位：', selector)
```

代码运行效果如图 7-16 所示。

图 7-16　通过 XPath 和 CSS_SELECTOR 获取内容

任务二　使用 Selenium 完成滑动条验证并获取数据

在使用 Selenium 时，由于程序运行速度非常快，经常出现观察不到页面状态或页面还

未加载完成就开始对元素进行查找的情况，Python 和 Selenium 都提供了让程序等待的命令。本任务主要对 time.sleep() 方法、implicitly_wait() 方法以及 WebDriverWait 进行讲解，并通过以下步骤完成使用 Selenium 实现滑动条验证并获取数据的操作。

● 使用 Selenium 自动填充用户名与密码。
● 使用 Selenium 自动操作验证码滑块。
● 完成登录并爬取数据。

Selenium 的执行速度非常快，在 Selenium 执行的过程中往往需要等待网页的响应才能执行下一个步骤，否则程序会抛出异常信息。网页响应速度的快慢取决于多方面因素，因此需要在执行某些操作时设置一个等待时间，让 Selenium 等待页面加载完成后开始执行，这样才能保证程序的稳健性。

延时等待可以使用 Python 内置的 time 模块实现，Selenium 同样也支持这样的操作，它拥有丰富的等待机制，将原本需要人为的等待转换为由机器去等待，并自行判断什么时候进行下一步操作。

技能点 1　time.sleep()

time.sleep() 函数是 Python 中用于暂停执行程序一段时间的函数。它接受一个浮点数参数，表示需要暂停的时间，单位为秒。使用 time.sleep() 函数可以在代码中添加延迟。但需要注意的是，time.sleep() 函数会阻塞当前线程，影响程序的执行效率。time.sleep() 函数的示例代码如下所示。

```
import time

# 打印欢迎信息
print(" 欢迎来到我的网站！")

# 等待 3 秒钟
time.sleep(3)

# 打印结束信息
print(" 感谢您的访问！")
```

说明：上述代码中，程序会先打印一条欢迎信息，然后等待 3 秒钟，最后再打印一条结束信息。由于 time.sleep() 函数会暂停程序的执行,因此这段代码会在等待 3 秒钟后再执行下一条语句。

技能点 2　implicitly_wait()

隐性等待是在一个设定的时间内检测网页是否加载完成,一般情况下当浏览器中的标签栏的小圈不再转时,才会执行下一步。隐性等待通常使用 implicitly_wait() 方法实现,用一个数字型参数表示等待的秒数。implicitly_wait() 是 Selenium 提供的一个方法,它可以让 WebDriver 在查找元素时等待一段时间。如果 WebDriver 在指定的时间内找不到元素,就会抛出异常。

比如代码中设置 10 秒等待时间,网页只要在 10 秒内完成加载就会自动执行下一步,如果超出 10 秒就会抛出异常。值得注意的是,隐性等待对整个 Driver 的周期都起作用,所以只需设置一次。使用 implicitly_wait() 方法的示例代码如下所示。

```
from selenium import webdriver

# 创建浏览器实例
browser = webdriver.Chrome()

# 导航到网页
browser.get("https://www.example.com")

# 使用 implicitly_wait() 方法设置最长等待时间为 10 秒钟
browser.implicitly_wait(10)

# 在 10 秒钟内查找 id 为 "logo" 的元素
logo = browser.find_element_by_id("logo")

# 输出元素的 href 属性值
print(logo.get_attribute("href"))
```

在代码中,首先创建一个 Chrome 浏览器实例;其次导航到一个网页,使用 implicitly_wait() 方法将最长等待时间设置为 10 秒钟;最后,在 10 秒钟内查找 ID 为"logo"的元素,并输出其 href 属性值。如果在 10 秒钟内没有找到该元素,程序就会抛出异常。

技能点 3　显性等待(WebDriverWait)

WebDriverWait 是 Selenium 提供的一个等待 API,它允许用户指定一个条件和最长等待时间,以便等待页面或元素出现或处于可操作状态。使用 WebDriverWait 类可以实现页面加载、元素出现等异步操作的等待。它提供了多种等待条件,例如元素可见、元素可点击、元素存在等等。使用 WebDriverWait 需要导入 WebDriverWait 类和 expected_conditions 模块，导入模块代码如下所示。

```
# 需要先导入 WebDriverWait 类
from selenium.webdriver.support.ui import WebDriverWait
# 需要先导入 EC 类，它是 WebDriverWait 的子类
from selenium.webdriver.support import expected_conditions as EC
```

WebDriverWait 支持的等待条件及描述如表 7-5 所示。

表 7-5 WebDriverWait 等待支持的等待条件及描述

支持条件	描述
visibility_of_element_located(元素定位)	等待元素可见
presence_of_element_located(元素定位)	等待元素存在
text_to_be_present_in_element(元素内文本)	等待指定文本出现在元素中
element_to_be_clickable(元素可点击)	等待元素可点击
time_to_be_visible(元素可见)	等待元素可见，最长等待时间为 3 秒
staleness_of(元素)	等待元素不发生变化，最长等待时间为 5 秒

WebDriverWait 的执行原理：程序每隔多长时间检查一次，如果条件成立，则执行下一步，否则继续等待，直到超过设置的最长时间抛出 TimeoutException。WebDriverWait 需要与 until() 或者 until_not() 方法结合使用。当 WebDriverWait 调用 until() 方法时，提供驱动程序作为参数，直到返回值为 True。语法格式如下所示。

```
WebDriverWait(driver,time).until(method,message ="")
```

对于 until() 方法的参数说明如表 7-6 所示。

表 7-6 until() 方法的参数说明

参数	描述
method	等待条件的方法名，例如 EC.presence_of_element_located
message	可选参数，当等待超时时抛出的异常信息

until_not() 方法与 until() 方法相反，until_not() 方法是当某个元素消失或某个条件不成立时继续执行，两者的语法、参数相同。

使用 WebDriverWait 等待页面加载完成示例代码如下所示。

```
from selenium import webdriver
from selenium.webdriver.common.by import By
# 需要先导入 WebDriverWait 类
```

```
from selenium.webdriver.support.ui import WebDriverWait
# 需要先导入 EC 类，它是 WebDriverWait 的子类
from selenium.webdriver.support import expected_conditions as EC
# 创建浏览器实例
browser = webdriver.Chrome()

# 导航到网页
browser.get("https://www.example.com")

# 使用 WebDriverWait 等待页面加载完成
# 最长等待时间为 10 秒
wait = WebDriverWait(browser, 10)
# 等待页面加载完成
element = wait.until(EC.presence_of_element_located((By.TAG_NAME, "body")))
```

隐性等待和显性等待相比于 Python 自带的 time.sleep 强制等待更为灵活和智能，可解决各种网络延时的问题。隐性等待和显性等待可以同时使用，但最长的等待时间取决于两者之间的最大数，例如隐性等待时间为 30 秒，显性等待时间为 20 秒，则该代码的最长等待时间为隐性等待时间 30 秒。

第一步：以 12306 的登录页面为例，通过 send_keys() 方法输入账户名和密码后，使用 click() 方法单击网页中的"登录"按钮以调出滑动验证窗口，代码如下所示。

```
from selenium import webdriver
from selenium.webdriver.common.action_chains import ActionChains
from selenium.webdriver.common.by import By

driver = webdriver.Chrome()
username = 'xxxxxx'
passwd = 'xxxxxx'
driver.get('https://kyfw.123 06.cn/otn/resources/login.html')

selec = driver.find_element(By.XPATH, '//div[@class="login-box"]/ul/li[1]/a').click()
```

```
user = driver.find_element(By.ID, 'J-userName').send_keys(username)
passwd = driver.find_element(By.ID, 'J-password').send_keys(passwd)
submit = driver.find_element(By.CLASS_NAME, 'login-btn').click()
```

代码运行效果如图 7-17 所示。

图 7-17 自动填充账号密码后单击"登录"调出验证框

第二步：确定滑动条的滑动距离及按钮的偏移量。打开浏览器的开发者模式（F12），找到滑块的元素 ID，拖动至最右边，即可看到合适的偏移量，如图 7-18 所示。

图 7-18 滑块从左划到右的具体数值

第三步：确定偏移量后，调用元素的 move_by_offset() 方法，完成滑块自动滑动至右边解锁，代码如下所示。

```
action = ActionChains(self.browser)
# 防止网站禁止 selenium
script = 'Object.defineProperty(navigator,"webdriver",{get:()=>undefined,});'
self.browser.execute_script(script)
# 鼠标左键按下不放
action.click_and_hold(button).perform()
# 需要滑动的偏移量
action.move_by_offset(300, 0)
# 释放鼠标
action.release().perform()
time.sleep(0.1)
```

代码运行效果如图 7-19、图 7-20 所示。

图 7-19　使用代码自动控制滑块

图 7-20 登录成功后的欢迎页

第四步,爬取并输出登录后的用户名,示例代码如下所示。

```
print(self.browser.find_element(By.CLASS_NAME, 'welcome-name').text)
```

代码运行效果如图 7-21 所示。

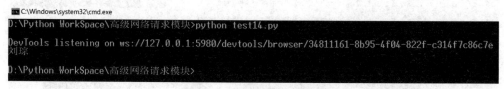

图 7-21 获取用户名并输出

任务三　使用 Splash 获取页面数据并保存页面截图

与 Selenium 相比，Splash 更轻量级并且支持异步，能提高爬取效率，缺点是功能没有 Selenium 丰富。本任务主要对 Splash 简介、Splash 安装、Splash 的 HTTP API 以及执行 Lua 自定义脚本进行讲解，并通过以下步骤实现使用 Splash 获取页面数据并保存页面截图的操作。

● 分析目标页面。
● 使用 Splash 访问页面并爬取数据。
● 将页面首页截图保存至本地。

技能点 1　Splash 简介

Splash 是一个功能丰富、易于使用的自动化测试工具，可以帮助用户快速、高效地进行 Web 应用程序的测试和开发，具有 JavaScript 渲染功能并带有 HTTP API 的轻量级浏览器，同时还对接了 Python 的网络引擎框架 Twisted 和 QT 库，让服务具有异步处理能力，以发挥 webkit 的并发能力。Splash 的主要功能包括以下几点。

● 自动生成测试脚本。用户可以通过简单的图形界面来定义测试用例，并自动生成相应的测试脚本。
● 支持多浏览器测试。Splash 支持多种浏览器，包括 Chrome、Firefox、Safari、IE 等。
● 支持多平台测试。Splash 可以在 Windows、Mac OS X 和 Linux 等多个平台上运行。
● 支持多语言测试。Splash 支持多种编程语言，包括 Java、Python 和 Ruby 等。
● 支持多协议测试。Splash 支持 HTTP、HTTPS、FTP 等多种协议的测试。
● 支持多数据库测试。Splash 支持多种数据库，包括 MySQL、PostgreSQL 和 Oracle 等。

技能点 2　Splash 安装

Splash 的安装基于 Docker 应用容器引擎。Docker 支持三大操作系统：Linux、MacOS 和 Windows。本书以 Windows 安装 Docker 和 Splash 为例。

步骤一：下载并配置 Docker，在浏览器访问 https://docs.docker.com/get-docker/ 并单击"Docker Desktop for Windows"即可下载，如图 7-22 所示。

图 7-22　下载 Docker

步骤二：Docker 的安装包是一个 exe 文件，这是 Windows 的应用程序安装包，可直接以管理员身份运行并根据提示安装，安装过程中功能选择默认即可。Docker 安装完成后，双击桌面上的快捷方式启动 Docker，如图 7-23、图 7-24 所示。

图 7-23　Docker 快捷方式

项目七 基于自动化测试工具实现网页数据采集　193

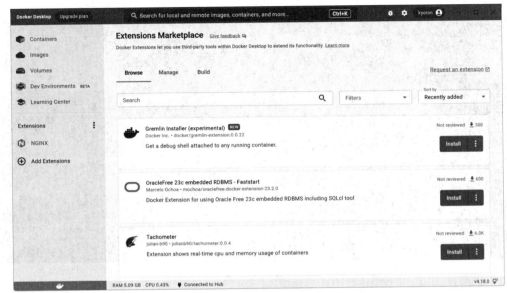

图 7-24　Docker 启动后界面

步骤三：成功启动 Docker 之后，在图中的"$"后输入各种 Docker 命令就可以使用 Docker 了。通过 Docker 指令来安装 Splash，输入安装指令"docker run -p 8050:8050 scrapinghub/splash"并按下回车键，然后等待安装即可，直到出现"Starting factory……"即代表 Splash 安装成功，如图 7-25 所示。

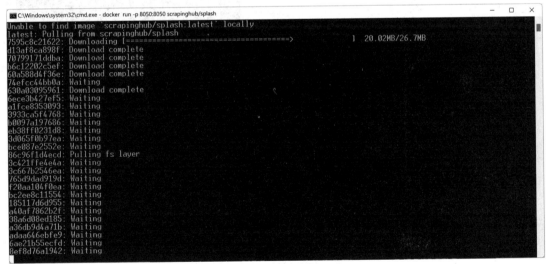

图 7-25　开始安装 Splash

步骤四：安装完成后，会自动启动 Splash 服务，可以在命令行中看到地址，如图 7-26、图 7-27 所示。

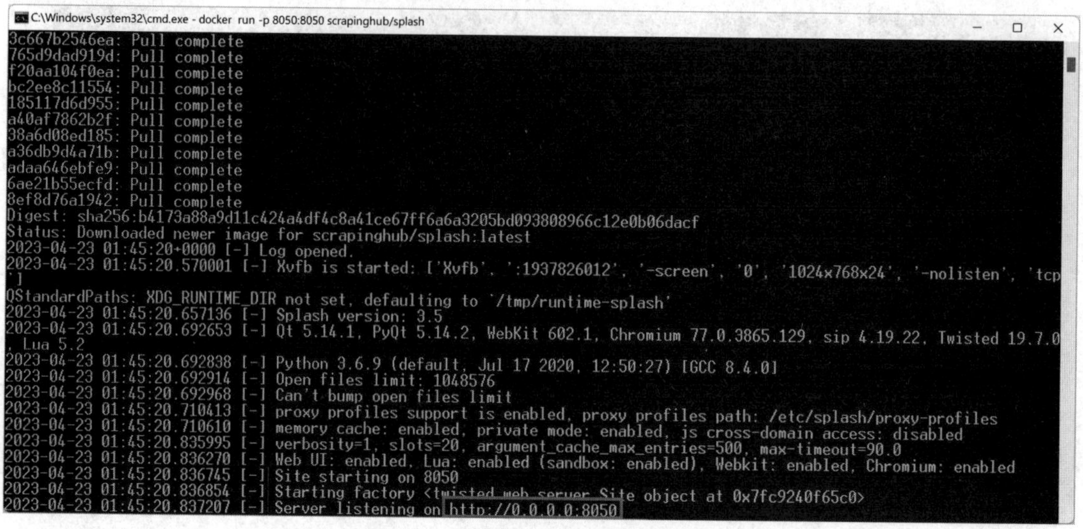

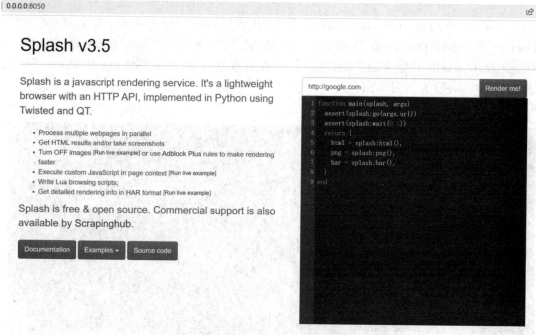

图 7-26 查看 Splash 运行的地址

图 7-27 在浏览器中打开 Splash 启动的地址

技能点 3　Splash 的 HTTP API

Splash 通过 HTTP API 控制来发送 GET 请求或 POST 表单数据，它提供了这些接口地址，只需要在请求时添加相应的参数即可获得不同的内容。Splash 的 HTTP API 既支持 GET 请求也支持 POST 请求，其中的一些参数可以作为 GET 的参数发送，也可以作为 POST 的内容发送，当作为 POST 内容发送时应注意格式为 JSON，而且请求头需要加入

Content-Type: application/json。

（1）render.html

通过该接口地址可以获取 JavaScript 渲染后的 HTML 代码，只要将接口地址设置为发送网络请求的主地址，然后将需要爬取的网页地址以参数的方式添加至网络请求中即可。

在浏览器输入"localhost:8050/render.html?url=https://www.baidu.com"就可以让 Splash 访问百度了，而浏览器显示的内容就是 Splash 返回的内容，其关键点是已经完成了 JavaScript 的渲染。

在使用 render.html 接口地址时，除了可以使用简单的 URL 参数外，还有多种参数可以应用。Render.html 参数及描述如表 7-7 所示。

表 7-7 render.html 参数及描述

参数名	描述
render.html?url&timeout=	设置渲染页面超时的时间
render.html?url&proxy=	设置代理服务的地址
render.html?url&wait=	设置页面加载后等待更新的时间
render.html?url&images=	设置是否下载图片，默认值为 1 表示下载，0 表示不下载
render.html?url&js_source=	设置用户自定义的 JavaScript 代码，在页面渲染前执行

（2）render.png

该接口地址比 render.html 接口地址多了两个比较重要的参数，分别为 width 与 height。使用这两个参数即可指定目标网页截图的宽度与高度。render.png 参数及描述如表 7-8 所示。

表 7-8 render.png 参数及描述

参数	描述
render.png?url&width=	生成后截图的宽度
render.png?url&height=	生成后截图的高度

（3）render.json

通过访问该接口地址可以实现获取 JavaScript 渲染网页的 JSON，根据传递的参数，它可以包含 HTML、PNG 和其他信息。在默认的情况下使用 render.json 接口地址，将返回请求地址、页面标题、页面尺寸的 JSON 信息。render.json 参数及描述如表 7-9 所示。

表 7-9 render.json 参数及描述

参数	描述
render.json?url&html=	是否在输出中包含 HTML，为 1 时包含，为 0 时不包含，默认为 0
render.json?url&png=	是否包含 PNG 截图，为 1 时包含，为 0 时不包含，默认为 0

参数	描述
render.json?url&jpeg=	是否包含 JPEG 截图，为 1 时包含，为 0 时不包含，默认为 0
render.json?url&iframes=	是否在输出中包含 iframe 框架的信息，默认为 0
render.json?url&script=	是否在输出中包含执行的 JavaScript 语句的结果
render.json?url&console=	是否在输出中包含已执行的 JavaScript 控制台消息
render.json?url&history=	是否包含网页主框架的请求与响应的历史记录
render.json?url&har=	是否在输出中包含 HAR 信息

技能点 4　执行 Lua 自定义脚本

Splash 还提供了一个非常强大的 execute 接口，该接口可以实现在 Python 代码中执行 Lua 脚本。使用该接口必须指定 lua_source 参数，该参数表示需要执行的 Lua 脚本，Splash 执行完成后将结果返回给 Python。

在 Splash 中使用 Lua 脚本可以执行一系列渲染操作，这样便可以通过 Splash 模拟浏览器实现网页数据的提取操作。Lua 脚本中的语法比较简单，可以通过"splash:"的方式调用其内部的方法与属性。

"function main(splash)"表示脚本入口，"splash:go("https://www.baidu.com/")"表示调用 go() 方法访问百度首页（网络地址），"splash:wait(0.5)"表示等待 0.5 秒，"return splash:html()"表示返回渲染后的 HTML 代码，"end"表示脚本结束。Lua 脚本常用参数与方法如表 7-10 所示。

表 7-10　Lua 脚本常用参数与方法

参数与方法	描述
splash.args 属性	获取加载时配置的参数，例如 URL、GET 参数、POST 表单等
splash.js_enabled 属性	该属性默认值为 True，表示可以执行 JavaScript 代码，设置为 False 时表示禁止执行
splash.private_mode_enabled 属性	表示是否启动浏览器私有模式（隐身模式），True 表示启动，False 表示关闭
splash.resource_timeout 属性	设置网络请求的默认超时时间，以秒为单位
splash.images_enabled 属性	启用或禁用图像，True 表示启用，False 表示禁用
splash.plugins_enabled 属性	启用或禁用浏览器插件，True 表示启用，False 表示禁用
splash.scroll_position 属性	获取或设置当前滚动位置
splash:jsfunc() 方法	将 JavaScript 函数转换为可调用的 Lua，但 JavaScript 函数必须在一对中括号内
splash:evaljs() 方法	执行一段 JavaScript 代码，并返回最后一条语句的结果
splash:runjs() 方法	仅执行 JavaScript 代码

续表

参数与方法	描述
splash:call_later() 方法	设置并执行定时任务
splash:http_get() 方法	发送 HTTP GET 请求并返回响应,而无须将结果加载到浏览器窗口
splash:http_post() 方法	发送 HTTP POST 请求并返回响应,而无须将结果加载到浏览器窗口
splash:get_cookies() 方法	获取当前页面的 Cookies 信息,结果以 HAR Cookies 格式返回
splash:add_cookies() 方法	为当前页面添加 Cookies 信息
splash:clear_cookies() 方法	清除所有的 Cookies

第一步:给百度首页发送网络请求,再使用 BeautifulSoup 对象清理 HTML 代码,最后通过 HTTP API 方法中的 render.html 接口获取百度 Logo 图片的链接地址并打印,示例代码如下所示。

```python
import requests
from bs4 import BeautifulSoup

# Splash 的 render.html 接口地址
splash_url = 'http://localhost:8050/render.html?https://www.baidu.com'
# 发送网络请求
response = requests.get(splash_url)
# 设置编码方式
response.encoding = 'utf-8'
# 创建解析 HTML 代码的 BeautifulSoup 对象
bs = BeautifulSoup(response.text, "html.parser")
# 打印链接地址
img_url = 'https:' + bs.select('div[class="s-p-top"]')[0].select('img')[0].attrs['src']
print(img_url)
```

代码运行效果如图 7-28 所示。

```
>>> print(img_url)
//www.baidu.com/img/PCtm_d9c8750bed0b3c7d089fa7d55720d6cf.png
>>>
```

图 7-28 获取百度首页的 Logo 图片地址

第二步：通过使用 HTTP API 方法中的 render.png() 接口对百度首页进行截图并保存到本地，示例代码如下所示。

```
import requests

# Splash 的 render.png 接口地址
splash_url = 'http://localhost:8050/render.png?https://www.baidu.com/&width=1280&height=800'
# 发送网络请求
response = requests.get(splash_url)
# 调用 open 函数
with open('image.png', 'wb') as f:
    # 将返回的二进制数据保存图片
    f.write(response.content)
```

代码运行效果如图 7-29 所示。

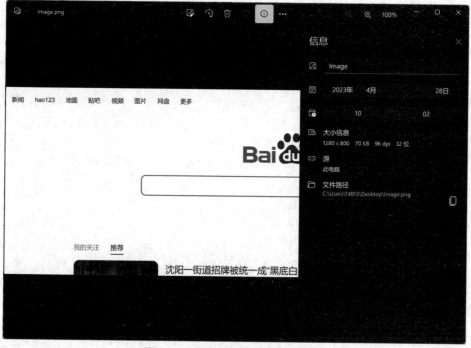

图 7-29 保存下来的百度首页截图

项目总结

通过对 Selenium 与 Splash 的学习，读者对 Selenium 与 Splash 的基本原理、应用场景和常用的方法有了一定了解，并掌握了 Selenium WebDriver 的使用，掌握了使用 Selenium 和 Splash 爬取页面数据的方法。

英语角

Selenium	硒（化学元素）
WebDriver	页面驱动器
Splash	泼洒
Common	常见的
Element	元素
Screenshot	截图
Implicitly	含蓄的
Execute	处决
Source	来源
Location	位置

课后习题

1. 选择题

（1）Selenium 的隐性等待使用（　　）来实现。

A.implicitly_wait　　　　　　　　B.sleep

C.WebDriverWait　　　　　　　　D.time

（2）Selenium 的 find_elements() 方法返回的是一个（　　）。

A.WebElement 对象　　　　　　　B.WebDriver 对象

C.WebElement 对象列表　　　　　D.WebElement 元素

（3）Selenium 可以根据（　　），让浏览器自动加载页面，获取需要的数据，甚至页面截屏，或者判断网站上某些动作是否发生。

A. 指令　　　　B. 命令　　　　C. 返回值　　　　D. 参数

（4）Selenium 使用 find_element() 方法时，By 模块用于（　　）。
A. 操作元素　　　　B. 爬取数据　　　　C. 查找元素　　　　D. 设定参数
（5）必须将（　　）类实例化后才可以使用 WebDriver 的鼠标相关方法。
A.ActionChains　　　　　　　　　　B.WebSession
C.WebDriver　　　　　　　　　　　D.requests-HTML

2. 简答题

（1）简述在使用 find_element() 方法中 By 模块的筛选规则。

（2）简述 Splash 渲染 Lua 自定义脚本的流程。